Photography Credit

P51 사진 02, P52 사진 04 © Histoires de parfums
P74~79 © Maison Blanche
P86 사진 01 © Cristal Room Baccarat
P144 © Pierre Gagnaire Restaurant
P166, P169 사진 02, 03 © Boco
P173 사진 01, 04, 05 © Angelina
P241 사진 03, 04 © Monsieur Bleu
P244, 247, 248 © Saint James Hotel Paris(Marcel Jolibois, Antoine Baralhe, Franck Prignet)

Paris hot place

파리 핫플 50

글 사진 정기범

이봄

파리를 파리답게 느끼는 법

파리는 설렘이다

파리에서 16년째. 지금도 버스에 올라타 센 강변을 지날 때면 가슴이 뛴다. 차창 밖으로 보이는 반복되는 풍경이 이제는 지겨울 법도 한데 여전히 사랑스럽다. 사랑하는 이를 만나러 가는 것처럼 두근거린다.

이 책을 선택한 사람 중에는 파리에 처음 오는 이도 있고, 이미 여러 번 방문한 사람도 있을 것이다. 파리를 처음 경험하는 사람 중에 지나친 환상과 기대로 실망을 안고 가는 이도 있다. 코를 틀어막게 되는 메트로 역의 지린내, 유명 박물관의 길게 늘어선 줄 앞에서의 하염없는 기다림, 호시탐탐 여행자의 주머니를 노린다는 집시에 대한 두려움은 여행에 대한 즐거움 대신 스트레스만을 안겨줄 뿐이다.

그런가 하면 파리에 여러 차례 왔다는 이유로 이미 볼 것은 다 봐서 시시하다고 하는 사람들도 있다. 파리의 진짜 매력은 아직 만나지도 못했는데, 벌써 파리를 지겨워하는 사람들을 보면 안타까운 마음이 든다. 설렘이 없는 여행은 파리에 대한 실망을 안고 가는 여행보다 더 불행하다.

파리를 찾을 때마다 파리를 좀더 깊이 알아가고 파리의 속살을 들여다보는 즐거움에 탐닉하는 여행자도 있다. 자신이 어떤 경우에 속하든 파리에 온 이상 설렘으로 이 도시를 만나는 것이 행복한 파리 여행의 시작일 것이다.

이 책은 에펠탑이나 루브르 박물관처럼 파리의 평범한 관광 명소를 다루는 입문서나 가이드북이 아니다. 파리를 한 번 이상은 들러 자칫 시들해질 수 있는 사람들에게 그동안 의미도 모른 채 스쳐 지나갔던 장소를 통해, 파리에 대한 새로운 모티브를 제공하려는 의도로 썼다. 관광객의 티를 과감히 벗어버리고 파리지앵의 일상에 한 걸음 더 가까이 다가가고자 하는 용기 있는 사람을 위한 책이다.

파리는 눈으로만 느끼고 떠나기에는 아무래도 아까운 도시이다. 오감이 즐거운 도시임에도 불구하고 사람들은 시각적인 즐거움만 찾는다. 시간이 없다는 핑계로 자신이 원하든 원하지 않든 박물관의 한국인 가이드에게 자신의 소중한 여행의 기회를 내맡긴다. 마음으로 만나는 파리 대신 곁눈질로 파리를 경험하는 건 아쉬운 일이다. 마음속에 오랜 시간 꿈꿔왔던 나를 찾아 떠나는 여행, 내가 평소 하고 싶었던 일, 내가 만들고 싶은 추억을 찾아 떠나는 사람들에게 도움이 되었으면 하는 생각이다.

당신이 꿈꾸는 파리와 만나라

파리는 미각의 천국이다. 식도락가에게 이 '천국'이라는 말은 뻔한 수식어가 아니다. 프랑스인들은 어릴 때부터 외식을 통해 미각과 후각, 시각을 키운다. 그래서인지 외국 음식에 대한 두려움이 없다. 그들에게는 친구들과 에티오피아 음식을 먹는 것도 가족들과 베트남 쌀국수를 먹는 일도 특별하거나 낯선 일이 아니다. 파리는 훌륭한 프렌치 레스토랑을 보유하고 있지만, 다양한 음식 문화의 각축장이기도 하다. 그에 비해 우리는 경험하지 않은 것에 대한 두려움 때문에 좋은 기회를 놓치곤 한다. 블로거의 글이나 인터넷 카페에 떠도는 글에 현혹되어 프랑스인들은 가지 않는 애먼 레스토랑을 기웃거리다가 그곳에 모인 한국인들과 비정상회의를 하는 상황에 이른다.

프랑스 음식은 무조건 비싸다거나, 프랑스 요리의 전부를 혐오감 느껴지는 푸아 그라나 발냄새 나는 치즈 정도만 알고 있는 사람들을 보며 안타까웠다. 파리에 대한 올바른 가이드북이 없다는 생각이 들었고, 요청 또한 많았다. 다들 어느 나라의 어느 도시를 가든 '시각적인 즐거움'만을 찾는다는 것이다. 다시 말하지만, 파리는 미각의 도시이다. 이 도시를 여행지로 선택한 당신도 분명 파리가 미각의 도시라는 걸 알고 있을 것이다. 하지만 여행 코스를 계획하면서, '제대로 된 프랑스 요리'라는 항목을 넣었을지 궁금하다.

이 책에는 한 끼에 10유로 즉, 만 원도 채 안 되는 가격으로 즐길 수 있는 카페가 있는가 하면 한 끼에 수십만 원에 달하는 세계 최고의 레스토랑도 있다. 물론 비싼 것만이 좋다는 것은 아니다. 자신의 예산에 맞춰 즐기되 한번쯤은 명품 가방의 유혹을 뿌리치는 대신 평생 잊을 수 없는 맛의 향연에 자신을 초대하는 호사를 누려보는 것도 여행의 즐거움이 될 것이다.

때로는 트렌디하게 때로는 클래식하게

파리의 유명인사들이 들렀던 공간을 찾는 것도 의미 있는 일이다. 생텍쥐페리, 시몬 드 보부아르와 같은 작가부터 뤽 베송, 이자벨 아자니와 같은 영화인에 이르기까지 가슴을 설레게 했던 이들의 발자취를 따라 과거로 여행을 떠날 수 있고, 칼 라거펠트부터 〈악마는 프라다를 입는다〉의 미국 보그 편집장이 쇼핑하거나 식사를 하는 트렌드 세터들의 놀이터를 거닐며 멋진 사람들과 만나는 행운을 누릴 수도 있다.

이 책에 파리지앵에게 사랑받는 보석 같은 장소 50곳을 선별하여 담았다. 파리에서 맥도날드와 스타벅스를 찾아다니는 대신 네비게이션과 이 책을 들고 용기 있게 파리와 만나기를 기대한다.

나의 14번째 책에는 많은 조력자가 함께 했다. 이 책이 나오기까지 변함없는 사랑으로 나를 이끌어주신 하나님의 은혜에 감사드린다. 아울러 프랑스 학교에 잘 적응하고 있는 사랑스런 딸 하은이와 귀염둥이 막내아들 하영 그리고 늘 밝고 명랑한 아내 숙현과 나와 함께 한 친구들에게 감사의 말을 전하고 싶다.

파리에서 정기범

Paris hot place

contents

스폿 정보 보는 법

주소: 42 rue des Lombards 75001 Paris
구글 맵에 위의 주소를 입력한다. 스마트폰 이
용자는 지도상에 표시된 스폿을 화면 저장해두
면 편리하다.

교통편: M1.4.7.11.14 Châtelet 도보 몇 분
'M'은 메트로, 숫자는 메트로 호선이다.
메트로 역에서 주소까지의 거리로 짐을 들지
않은 성인 걸음 기준이다.

연락처: 01 42 33 22 88
지역번호를 포함한 전화번호. 로밍폰을 이용할
경우 이 번호를 그대로 누르면 된다.
한국에서 전화하려면 +33(프랑스 국가번호) 1 42
33 22 88을 차례로 누른다.

영업시간: 월~목 19:00~02:00, 금~일
19:00~05:00
일반적인 영업시간을 말한다.
파리는 많은 가게가 7~8월에 2주~1개월 동안
휴가를 떠난다. 이 기간 중에 방문하려면 해당
사이트를 통해 확인하는 것이 좋다.

예산: 컨서트 €30, 컨서트+칵테일 또는 샴페인
€39, 컨서트+식사 €50
식사의 경우 전식+본식 또는 본식+후식 또는
풀코스 메뉴의 평균.

레스토랑 이용 매뉴얼

−가정식 프렌치를 즐기려면 비스트로(Bistrot), 해산물 요리를 즐기려면 브라스리(Brasserie), 럭셔리한 파인 다이닝을 원할 때는 레스토랑(Restaurant)을 선택한다.

−보통 식사의 순서는 아페리티프(키르 또는 샴페인 등의 식전주), 전식, 본식, 후식 순으로 즐긴다. 양이 많을 경우 전식+본식 또는 본식+후식만 즐겨도 된다.

−괜찮은 레스토랑에 가려면 레스토랑 관련 가이드북을 꼼꼼히 살펴본다.

−참고할 만한 레스토랑 추천 사이트
www.restaurant.michelin.fr
www.parisbymouth.com
www.zagat.com/paris
www.timeout.fr/paris

−특별한 식사를 하려면 여행준비를 하면서 레스토랑을 예약한다. 괜찮은 레스토랑은 예약이 다 차 있는 경우가 많기 때문이다.

−레스토랑에 도착하면 먼저 빈 테이블에 앉지 말고 직원의 안내를 받는다.

−괜찮은 레스토랑에 갈 때는 슬리퍼나 반바지, 민소매 차림을 피한다. 그렇다고 넥타이에 정장을 입을 필요는 없다. 비스트로는 깔끔한 캐주얼을, 최고급 레스토랑에 갈 때는 정장을 입는다.

−점심보다는 저녁이 분위기는 있지만 저녁식사 비용이 2배 정도 비쌀 때도 있다. 따라서 가볍게 프렌치를 경험하고 싶을 때는 점심을 예약한다.

−팁은 보통 계산서에 포함돼 있다(영수증 아래에 'charge compris'라고 표시되어 있음). 서비스가 만족스러웠을 경우 음식 값의 5~10% 정도 놓고 나오면 된다.

−프랑스인이 친구나 애인, 비즈니스 파트너와 식사를 할 경우에는 충분한 시간을 가지고 와인과 음식을 즐기기 위한 경우가 대부분이다. 특히 저녁시간이 그러하므로 시간이 없을 때 레스토랑에 가서 주문을 재촉하는 일은 하지 않는 게 좋다. 아무 때나 손을 들고 부르는 일은 하지 않도록 주의하자.

−점심시간(déjeuner, 12:00~14:30)과 저녁시간(dîner, 19:00~22:30)이 정해져 있으므로 시간을 맞춰 예약하거나 레스토랑에 가야 한다.

카페에서(Au Café_오 꺄페)

Un Café Crèam, S'il vous plait!
(엉 꺄페 크렘, 씰 부 쁠레!)
밀크 커피 한 잔 주세요!

뜨거운 음료
(Les Boissons Chaudes_레 부아송 쇼드)

에스프레소(Café_까페)
밀크 커피(Café Crèam_까페 크렘)
무카페인 커피(Café Décaféine_까페 데까페인)
카푸치노(Cappuccino_카푸치노)
비엔나 커피(Café Viennois_까페 비엔누아)
핫 초콜릿(Chocolat Chaud_쇼콜라 쇼)

찬 음료
(Les Boissons Froides_레 부아송 프루아)

아이스 커피(Café Glacé_까페 글라쎄)
아이스 티(Thé Glacé_테 글라쎄)
레모네이드(Lemonade_레모나드)
과일주스(Jus de fruits_쥐 드 프뤼)
　파인애플(Ananas_아나나)
　오렌지(Orange_오랑쥬)
　자몽(Pamplemousse_빰플르무스)
　사과(Pomme_뽐므)
　포도(Raisin_레쟁)
아이스크림(Glace_글라쓰)
셔벗(Sorbets_쏘르베)
미네랄 워터(Eaux Minérales_오 미네랄)
탄산 워터(Eaux Gazeuse_오 가조즈)

맥주
(Bières_비에르)
생맥주(Blonde Le Bock_블롱드 르 복)
흑맥주(Brune_브륀)

*프랑스 맥주로는 'Kronenbourg 1664' 추천

숫자
0 (zéro_제로)
1 (un_엉, une_윈)
2 (deux_두[되])
3 (trois_투아)
4 (quatre_까트르)
5 (cinq_쌩크)
6 (six_씨스)
7 (sept_쎄뜨)
8 (huit_윗뜨)
9 (neuf_뇌프)
10 (dix_디스)
100 (cent_썽)
1000 (mille_밀)
1만 (dix-mille_디밀)

*회화 편의 프랑스어 발음은 최대한 현지 발음에 맞게 정리했다.

오늘의 요리
(Le Plat du Jour_르 플라 뒤 주)

Qu'est-ce que vous me conseillez
comme plat?
(께스 끄 부 므 꽁세이에 꼼 쁠라?)
추천할 만한 요리는 무엇인가요?

020

샐러드(Salade_쌀라드)

시저 샐러드(Salade Caesar_쌀라드 쎄자르): 닭고기,
파머산 치즈, 바싹 구운 빵, 시저 소스
페리구르딘 샐러드(Salade Périgourdine_쌀라드 페
리구르딘): 푸아 그라, 훈제 오리, 콩깍지, 상추

빵류(Pain_팽)

크로크 무슈(Croque Monsieur_크로크 무슈): 빵 사
이에 햄, 치즈를 넣고 오븐에 구워낸 요리
키슈 로렌(Quiche Lorraine_키슈 로랭): 로렌 지방의
요리로 돼지고기와 치즈, 달걀, 생크림으로 만든 파이류

전식(Entrée_엉트레)

샤퀴테리(Assiette de Charcuterie_아시에트 드 샤퀴떼
리): 소시지, 햄, 하몽, 살라미 등 훈제하고 발효시킨
육가공품 한 접시
부르고뉴 달팽이 요리(Escargots de Bourgogne_
에스카르고 드 부르고뉴)
푸아 그라(Foie Gras_푸아 그라): 거위 간 요리
양파 수프(Soupe à l'Oignon_수프 아 로니옹)

본식

어류(Les Poissons_레 푸아송)
가리비조개(Coquille Saint-Jacques_꼬키유 쌩 자끄)
가오리(Raie_레)
가자미(Sole_쏠레)
게(Crabe_크라브)
고등어(Marquereaux_마르꿰로)
굴(Huître_위트르)
농어(Bar_바르)
대구(Cabillaud_카비요)
도미(Daurade_도라드)
돌가자미(Turbot_튀르보)
바닷가재(Homard_오마르)
새우(Crevette_크레베트)
숭어(Truites_트뤼트)
연어(Saumon_소몽)
참치(Thon_톤)
홍합(Moules_물)
화이트 와인으로 조린 홍합(Moules Marinières_물 마리니에르)

육류(Les Viandes_레 비앙드)
양고기(Agneau_아뇨)
쇠고기(Boeuf_뵈프)
쇠고기 등심(Entrecôte_앙트르코뜨)
쇠고기 안심(Fillet de Boeuf_필레 드 뵈프)
쇠고기 육회(Tartare de Viande_따르따르 드 비앙드)
송아지 고기(Veau_보)

송아지 스튜(Pot au Feu_뽀 오 포)
돼지고기(Porc_뽀르)
토끼고기(Lapin_라팡)

가금류(Volaille_볼라이유)
닭고기(Poulet_뿔레)
오리(Canard_카나르)
프리카세(Fricasse_프리카세): 날짐승을 주재료로 한 스튜

내장류(Tripe_트리프)
순대(Boudin_부댕)

파스타류(Les Pâtes_레 빠뜨)

후식(Desserts_데세르)

딸기 타르트(Tarte aux Fraise_따르트 오 프레즈)
사과 타르트(Tarte aux Pommes_따르트 오 폼므)
체리 타르트(Tarte aux Ceries_따르트 오 세리)
초콜릿 무스(Mousse au Chocolat_모스 오 쇼콜라)
치즈(Fromage_프로마쥬)
크림 브륄레(Crèam Brûlée à la Vanilla_크렘 브륄레 아 라 바닐라): 커스터드 크림으로 만든 디저트

021

카페·레스토랑 회화

아침식사(petit déjeuner_쁘띠 데주네)
점심식사(déjeuner_데주네)
저녁식사(dîner_디네)

지하(sous-sol_쑤쏠)
메뉴(carte_까르트)
세트메뉴(menu_므뉴)

물(l'eau_로)
차(un thé_엉 떼)
차가운(froid_프루아)
따뜻한(chaud/chaude_쇼[남]/쇼드[여])

소금(sel_쎌)
후추(poivre_푸아브르)
겨자(moutarde_무따)

접시(l'assiette_라씨에뜨)
포크(la fourchette_라 푸셰뜨)
숟가락(la cuillère_라 퀴이에르)
물수건(la lingette_라 랭제뜨)
테이블 위 냅킨(la serviette 라 쎄르비에뜨)

1인분(pour une personne_뿌르 윈 뻭쏜)
2인분(pour deux personnes_뿌르 두 뻭쏜)
테이블석(une place en salle_윈 쁠라스 엉 쌀)
카운터석(une place au comptoir_윈 쁠라스 오 꽁뚜아르)
예약(réservation_헤제르바씨옹)

(고기 익힌 정도) 덜 익힌 (saignant_쌔녕)

(고기 익힌 정도) 적당한 (à point_아 뿌앙)

추가(encore un_엉꼬르 엉)

혼자입니다(Je suis seul_주 쒸 쐴)

두 명입니다(On est deux_옹네 두)

메뉴판 좀 주세요.(La carte, s'il vous plaît_라 까르트, 씰 부 쁠레)

무엇을 추천하시나요?(Que recommandez-vous?_끄 르꼬멍데 부?)

이 요리에 어울리는 포도주를 주세요(Pouvez-vous choisir un vin qui va bien avec ce plat?_뿌베 부 쇼와지르 엉 벵 끼 바 비엥 아벡 스 쁠라)

저기 저 사람과 같은 걸로 주세요(J'aimerais avoir la même chose que la personne là-bas_제므레 아부아 라 멤 쇼즈 끄 라 뻭쏜 라 바)

맛있어요(C'est très bon_쎄 트레 봉)

맛이 없어요(C'est pas bon_쎄 빠 봉)

계산해주세요(L'addition, s'il vous plaît_라디씨옹, 씰 부 쁠레)

화장실(toilettes_투알렛)

남자(homme_옴)

여자(femme_팜므)

사용 중(occupé_오꾸뻬)

비어 있음(libre_리브르)

날짜 · 요일

오전(matin_마땡)

오후(après-midi_아프레 미디)

저녁(soir_수와)

월요일(lundi_렁디)

화요일 (mardi_마르디)

수요일 (mercredi_메르크르디)

목요일 (jeudi_주디)

금요일 (vendredi_방드르디)

토요일 (samedi_싸므디)

일요일 (dimanche_디망슈)

Marais et
Bastille

비와 파리,
그리고 재즈

뒥 데 롬바르

Duc des Lombards

겨울이면 거의 날마다 비가 내리는 파리는 재즈의 우울한 선율과 꽤 잘 어울린다. 사실 프랑스와 재즈는 역사적으로도 깊은 인연이 있다. 프랑스인 및 에스파냐인과 흑인 노예 사이에서 태어난 혼혈들을 '크레올'이라 불렀는데, 그들이 주축이 되어 유럽의 클래식 음악과 아프리카 흑인 음악을 결합시켰고, 20세기 초 댄스홀이나 술집에선 '재즈' 선율이 울려 퍼지기 시작한 것이다.

1930~40년대에는 '스윙'의 뒤를 이어 재즈가 눈부시게 발전했고, 1950~60년대에는 재즈의 본고장 미국 뉴올리언스에서 활동하던 많은 재즈 뮤지션들이 마약 단속반을 피해 파리로 향했다. 파리인들의 사랑과 환대 속에서 수많은 뮤지션들이 탄생했다.

프랑스를 대표하는 재즈 뮤지션으로는 가수 플로랑스 다비스, 재즈 밴드 레미 파노시앙 트리오, 재즈의 디바 엘리자베스 콩토마누, 클로드 볼링 등이 있는데, 그 중심에는 파리 최고의 재즈 클럽 '뒥 데 롬바르'가 있었다.

30년 가까운 시간 동안 아마드 자말, 데이비드 샌본, 다이안 슈어, 제이미 컬럼, 알도 로마노, 장 필립 비레 등 수많은 뮤지션들이 뒥 데 롬바르를 거쳐갔다. '파리 재즈 역사의 신전'이라는 별명이 괜히 생긴 것이 아니다. 24시간 재즈만 들려주는 라디오 채널인 'TSF Jazz'에서 실황 프로그램을 녹음하는 곳도 뒥 데 롬바르이며, 프랑스에서 활동하는 재즈 싱어 나윤선을 알아본 곳도 이곳이다.

필자가 들른 날에는 마침 이탈리아 출신의 재즈 피아니스트 안토니오 파라오의 감미로운 연주회가 열리고 있었다. 파라오는 몇 년 전 에어프랑스의 기내 음악 방송에 곡이 실릴 정도로 잘나가는 뮤지션이다. 1998년 600여 명의 재즈 뮤지션들이 참가한 '마르시알 솔랄 콩쿠르Martial Solal Concours'에서 1위를 차지하기도 했던 그는 이후 뉴욕, 런던 등지의 세계적으로 유명한 재즈 클럽의 무대들을 섭렵했지만, 파리 특유의 감수성에 젖어 연주할 때 자신의 음악이 더 멋지게 느껴진다고. 무엇보다 관객들과 가까이 소통할 수 있는 뛱 데 롬바르의 무대에 설 때마다 자부심이 생긴다고 말하는 그의 연주는 듣는 이들에게도 더할 나위 없이 근사한 선물 그 자체였다. 멈추지 않는 선율 속에 앉아 있노라면, 온몸이 촉촉한 비에 젖어드는 것 같다. 겨울에 파리를 찾게 된다면, 뛱 데 롬바르는 꼭 한번 들러보라고 권하고 싶다.

당일 예약도 가능하지만, 유명 연주자가 공연하는 경우에는 사전에 홈페이지에서 확인하고 예약하는 것이 좋다.

01 실력 있는 피아니스트. 안토니오 파라오의 공연은 많은 사람들의 갈채를 받았다.
02 세계적인 뮤지션들의 연주는 듣는 이의 귀를 황홀하게 만든다.
03 벽에는 뛱 데 롬바르에서 공연을 했던 전설적인 재즈 뮤지션들의 사진이 걸려 있다.

tip 파리지앵들만 아는 비밀 팁

24시간 세계 정상급 뮤지션들의 재즈 공연을 들을 수 있는 TSF Jazz 라디오 사이트에서는 앱을 제공한다.
www.tsfjazz.com

01

03

02

예산: 콘서트 €30, 콘서트+칵테일 또는 샴페인 €39,
    콘서트+식사 €50

주소: 42 rue des Lombards 75001 Paris

교통편: M1·4·7·11·14 Châtelet에서 도보 2분

연락처: 01 42 33 22 88

영업시간: 월~목 19:00~02:00, 금~일 19:00~05:00

www.ducdeslombards.com

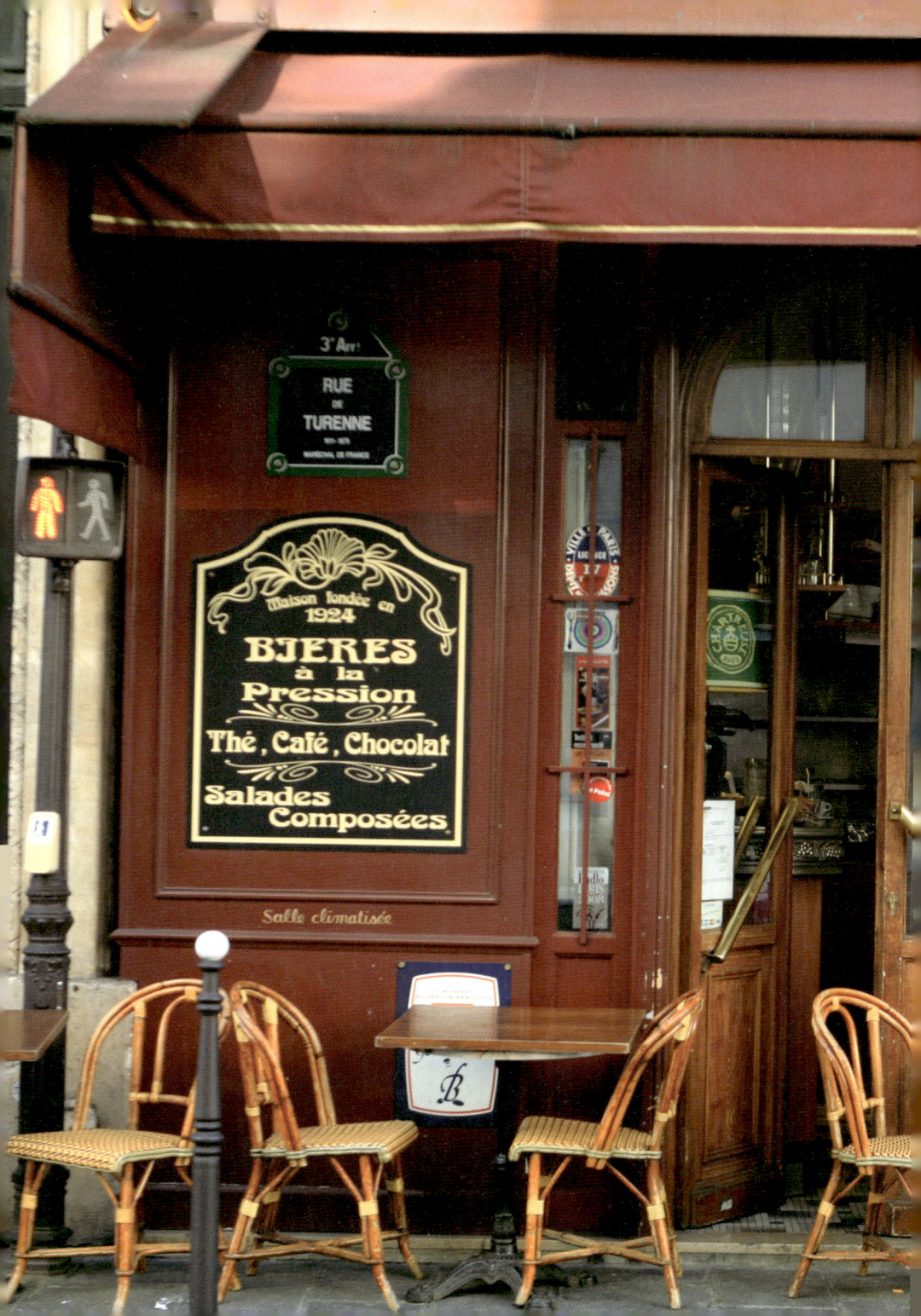

Cuisine
Maison
Spécialités
de
Viandes

동성애자와 유태인, 예술가들, 그리고 패셔니스타들이 오가며 드라마틱한 공기를 만들어내는 마레 지역은 언제 가도 최신 트렌드가 한눈에 들어오는 동네다. 다양한 종교와 문화가 경계 없이 섞여 있다보니, 늘 핫한 소식의 중심지가 되기도 한다. 디올의 전 수석 디자이너 존 갈리아노가 해고된 사건의 발단도 마레에서 벌어진 것이었다. 2011년 갈리아노는 마레의 '라 페를La Perle'이라는 카페에서 옆자리 사람에게 반유태인적 발언을 하고 히틀러를 사랑한다고 말했는데, 그것이 동영상으로 찍혀 인터넷에 올라오면서 화제가 되었다. 그 일로 갈리아노는 디올에서 퇴출당하고, 레종도뇌르 훈장까지 박탈당했다.

031

이런 마레 지역의 핫한 카페가 '카페 데 뮈제'이다. 피카소 미술관 근처에 있는 카페 데 뮈제는 이세이 미야케 같은 패션 디자이너들을 비롯해 유명 레스토랑의 셰프들이 친구들과 함께 식사를 즐기기 위해 들르는 비스트로로 잘 알려져 있다. 특히 맛있는 음식을 합리적인 가격에 먹을 수 있다는 점이 가장 매력적이다. '카페'라는 간판 때문에 무심코 지나칠 수 있지만, 좁다란 입구 안쪽으로 따라 들어가면 먹음직스런 음식 접시들을 바삐 나르는 모습을 볼 수 있다.

예약을 하지 않았다면 대부분 입구 쪽 자리로 안내해주지만, 가능하면 좀더 아늑한 지하로 내려가는 것이 좋다. 아르데코 풍으로 장식된 1층 실내는 세월의 손을 타 여기저기 낡은 태가 나지만, 가족이나 친구들과 함께 소박하고 만족스러운 식사를 하기엔 더할 나위 없이 좋은 곳이다.

전식으로는 안달루시아 스타일의 차가운 토마토 수프가 5.5유로, 스코틀랜드산 연어가 11유로, 올리브유에 데친 지롤 버섯이 9유로 선이다. 본식으로는 계절별로 달라지는 생선 요리가 18유로, 피레네 산맥에서 키운 흑돼지를 오븐에 바싹 구운 요리Échine de Cochon Noir de Bigorre는 20유로 대에 즐길 수 있다. 몇몇 인기 메뉴는 1년 내내 맛볼 수 있지만 제철 재료를 사용하는 메뉴는 때마다 바뀐다.

카페 데 뮈제의 두 주인장 피에르 르쿠트르Pierre Lecoutre와 프랑수아 셰넬François Chenel은 한때 '드 돔 뒤 마레De Dome du Marais'라는 고급 레스토랑을 운영하기도 했지만, 지금은 이곳에 집

01 동굴을 연상케 하는 아늑한 공간은 지하 안쪽에 있다.
02 야채와 고기가 어우러져 팍팍하지 않고 균형있는 식사를 가능케 해주는 코코트 요리
03 피레네 산맥에서 키운 흑돼지 요리
04 아르데코 풍의 1층 실내
05 달콤한 디저트는 반드시 맛보아야 후회가 없다.

Tip 그냥 지나칠 수 없는 주변의 명소

유화 200여 점, 조각 158점, 드로잉 1,500여 점 등을 보유하고 있는 피카소 미술관Musée Picasso은 마레의 심장부라고 할 수 있다. 2009년부터 공사 중인 이곳은 2014년 10월 말에 재오픈할 예정이다. 특히 볼 만한 건 피카소의 초기 작품들로, 「라셀레스티나」와 같은 청색시대 작품들이나 장밋빛 시대 작품, 그리고 그의 작품세계에 영향을 미친 가족이나 주변 인물들을 그린 작품들이 있다.

www.museepicassoparis.fr

01

02

03

04

05

"Le dîner de Daï "

Terrine ménagère de foies de volaille

Gigot d'agneau servi froid et légumes maraîchers

Terrine de chocolat   19€

중하여 창의적이며 풍성한 음식들을 선보이고 있다. 유명한 가이드북 『푸들로 ^{Pudlo Paris}』는 이 곳의 요리를 "독창적이며, 장인정신이 깃들어 있다"고 평했으며, 매년 프랑스 전역의 레스토랑을 소개하는 미식 가이드 〈르 푸딩 ^{Le Fooding}〉에서는 "주민들과 관광객들이 함께 섞여 즐길 수 있는 진정한 비스트로"라고 칭찬했다. 『미슐랭 가이드』 역시 "젊은 보보스와 일본인, 비즈니스맨들이 즐겨 찾는 빈티지 스타일의 진정한 브라스리"로 평가한 바 있다.

검증되지 않은 레스토랑 정보만 믿고 갔다가 프랑스 음식에 실망한 적이 있다면, 정말 제대로 된 프렌치 가정식을 맛보고 싶다면, 카페 데 뮈제에 가보라고 추천하고 싶다. 특히 흑돼지 요리는 그 푸짐한 양과 진한 맛이 정말 인상적이며, 한국 사람들 입맛에도 꽤 잘 맞는다. 대체적으로 고기 요리가 훌륭하며, 1인당 예산은 30~40유로 정도면 충분하다.

예산: 전식+본식 또는 본식+후식 €20~30, 전+본+후식 €25~45
주소: 49 rue de Turenne 75003 Paris
교통편: M8 Chemin Vert에서 도보 3분
연락처: 01 42 72 96 17
영업시간: 12:30~15:00, 19:30~23:00
www.cafedesmusees.fr

르 세르정 르크뤼테르

Le Sergent Recruteur

클래식하면서 유머러스한 공간으로 유명한 레스토랑 '봉', 장중하면서도 모던한 '호텔 루아얄 몽소'. 모두 파리가 사랑하는 디자이너 필립 스탁Philippe Starck이 디자인한 곳들이다. 그가 디자인한 공간들은 늘 트렌드 세터들의 관심과 사랑을 받아왔다. 최근 스탁보다 좀더 자주 사람들의 입에 오르내리는 디자이너가 한 명 등장했다. 바로 스페인 출신의 신예, 하이메 아욘Jaime Hayon이다.

아욘은 "나의 경쟁자는 오직 지루함과 권태뿐이다"라고 말할 정도로 파격과 위트가 넘치는 디자인을 선보이고 있다. 그의 손길을 거치면 꽃병, 욕실용품, 스탠드, 가구 등 평범한 물건들도 새로운 모습으로 태어난다. 숲 속의 버섯에서 모티프를 얻어 숲의 빛과 질감을 세라믹으로 재현한 '펑키 컬렉션 메탈아르테Funghi Collection for Metalarte', MGM 뮤지컬 영화에서 영감을 얻은 플라스틱과 가죽의 혁신적인 조합이 돋보이는 소파 시리즈인 'BD 쇼타임 컬렉션BD Showtime Collection' 등 그의 작품은 현대적이면서도 고전적이고, 세련된 동시에 기괴한 장난기가 서려 있다. 최근에는 일러스트레이션, 공간 디자인 등 다양한 분야를 섭렵하며 전방위 예술가로 활약하고 있다.

생루이 섬에 새로 생긴 레스토랑 '르 세르정 르크뤼테르'는 아욘이 공간 디자인을 맡았다는 것으로 먼저 이름을 알린 곳이다. 중세식

037

갑옷을 두른 기사가 서 있는 입구를 지나면 오래된 건물에 아욘 특유의 기이한 오브제들이 뒤섞여 어디선가 아름다운 불협화음이 들려오는 것 같다. 문을 열면 곧 셰프 앙토냉 보네Antonin Bonnet가 책임지고 있는 주방이 나타난다. 보네는 '미셸 브라Michel Bras'(남프랑스 출신의 미슐랭 3스타 셰프인 미셸 브라가 자신을 이름을 내걸고 만든 레스토랑)를 거쳐 '뉴 브리티시 쿠킹'의 선두주자인 '그린 하우스Green House'에서 일하며 런던 사람들을 열광시킨 바 있는 유명 셰프다.

보네는 런던을 뒤로하고 파리에 레스토랑을 열면서 아욘에게 디자인을 맡길 정도로 트렌드에 민감할 뿐만 아니라, 과감한 레시피로 미식가들의 사랑을 받고 있다. 아내가 한국인이라 프랑스 요리에 자신만의 방식으로 해석한 김치를 곁들인다거나, 동양 출신의 주방 스태프를 고용해 동서양 요리 고유의 캐릭터를 지

01 하이메 아욘의 위트 있고 유머러스한 솜씨를 엿볼 수 있는 레스토랑 입구의 바
02 03 세련된 인테리어로 여행자는 물론 비즈니스 고객들의 접대 장소로도 사랑받는다.
04 귀엽고 재치 넘치는 하이메 아욘의 꽃병은 훌륭한 오브제이다.
05 편안하게 식사를 즐길 수 있는 소파가 있는 테이블은 언제나 인기
06 '징집 하사관'이라는 레스토랑 이름에 걸맞게 중세 스타일의 갑옷을 착용한 병사가 터줏대감처럼 손님을 맞는다.

Tip 그냥 지나칠 수 없는 주변의 명소

노트르담 대성당은 1804년 나폴레옹의 대관식을 비롯해 주요 인사들의 장례식이 열리고 있는 역사적인 장소다. 1163년에 지어지기 시작하여 170여 년의 공사 기간을 거쳐 일차적으로 완성되었고, 이후에도 증개축을 거쳐 18세기 초야야 지금의 모습을 갖추게 되었다.
www.notredamedeparis.fr

01

02

03

04

05

키되 참신한 맛을 선보이는 식이다.

식재료는 미역과 다시마 등의 해초를 거름 삼아 재배한 채소, 루아르 강 유역에서 낚시로 잡은 생선, 노르망디 지역에서 갓 잡아올린 싱싱한 해산물 등을 사용한다고.

아욘과 보네가 만들어내는 신선한 조합을 즐기려면 조금 부지런해야 한다. 미리 예약하지 않으면 여간해서는 자리를 잡기 힘들기 때문이다. 점심에는 65유로, 저녁에는 140유로 정도에 다양한 제철 재료로 만든 음식을 즐길 수 있다. 종종 셰프의 '서프라이즈 메뉴'가 나오기도 하는데, 제주도 출신의 솜씨 좋은 아내와 장모님이 해주었던 요리에 대한 기억이 떠오를 때 만든다고 한다. 이 개성 넘치는 레스토랑이 선보이는 동서양 음식의 조화가 궁금하다면 꼭 가볼 만하다.

예산: 점심 풀코스(6코스) €48, 저녁 €115~
주소: 41 rue Saint-Louis en L'île 75004 Paris
교통편: M7 Pont Marie에서 도보 3분
연락처: 01 43 54 75 42
영업시간: 화~토 12:30~14:00, 19:30~22:00
www.lesergentrecruteur.fr

프랑스 아이들을 보면 인형 같은 외모와 어딘가 남다른 옷차림에 자꾸 눈길이 간다. 특히 단번에 시선을 사로잡는 브랜드가 있는데, 바로 '아동복계의 에르메스'로 통하는 '봉프앙Bon Point'이다. 프랑스 사람들에게 오래도록 사랑받아온 봉프앙을 운영한 마리 프랑스 코헨과 베르나르 코헨 부부Marie-France&Bernard Cohen는 몇 년 전 이색적인 모험을 시작했다. 사람과 사람 사이를 잇는 '관계', '자선' 등에 관심을 갖게 되면서 새로이 할 수 있는 일을 모색한 것이다. 그렇게 8년간의 준비 과정을 거쳐 문을 연 '메르시'는 파리에서 가장 세련되고 창의적인 '편집숍'이자 수익의 100퍼센트를 기부하는 곳으로 유명하다.

043

두 사람은 패션 디자이너, 인테리어 디자이너 등 많은 예술가, 문화계 인사들과 꾸준히 접촉하면서 '마다가스카르의 가난한 어린이들에게 교육의 기회를 주고 여성들의 자립을 돕기 위해' 이 프로젝트에 참여해줄 것을 제안했고, 많은 이들의 동참을 이끌어냈다. 덕분에 '자선매장'하면 철 지난 물건들로 가득할 것 같다는 선입견을 깨고, 세련되고 멋진 물건을 사면서 동시에 기부도 할 수 있는 메르시가 탄생할 수 있었다. 만든 이의 철학과 쓸모가 근사하게 어우러진 다양한 물건들, 낯설지만 참신한 브랜드를 한자리에서 만날 수 있는 곳은 결코 흔치 않다. 파리의 트렌드가 시작되는 동네라고 불리는 마레 지역에 메르시가 자리 잡은 까닭도 그런 이유에서다.

클래식한 분위기를 자아내는 구형 피아트 500이 지키고 있는 마당을 지나 숍 안으로 들어서면 18세기에 공장으로 사용되던 건물답게 천장이 높은 공간이 나타난다. 1층에는 남성 패션 아이템, 향초와 코스메틱 브랜드 숍이 입점해 있다. 또한 1층의 중앙은 책을 판매하는 코너이자 전시 공간으로 활용하고 있으며, 매장 한쪽에는 중고책이 빼곡히 꽂힌 서가를 갖춘 카페가 있는데, 대부분 기증받은 책들로 자유롭게 볼 수 있다. 갖고 싶은 책이 있으면 2유로만 내면 된다. 1층과 2층 사이의 중간층에는 여성 패션 아이템이, 2층에는 조명과 가구, 생활용품이, 지하로 내려가면 주방용품과 유기농 레스토랑이 나온다.

이처럼 메르시는 옷부터 집에서 필요한 물건들까지 고루 갖추고 있는데, 그 면면이 범상치 않다. 아르네 야콥센이 디자인한 의자가 있는가 하면, 한창 인기 있는 브랜드 아크네의 청바지를 비롯해 스텔라 매카트니, 제롬 트뤼프스, 이자벨 마랑, 이브 생 로랑, 바바라 뷔이 같은 유명 디자이너들의 옷도 보인다. 패션 브랜드에서 옷을 만들다가 남은 자투리 천으로 옷을 만들어 기부하는 경우도 있다고 하니, 정말 세상에 단 하나뿐인 아이템을 거머쥐는 행운을 기대해볼 수도 있다.

01

Tip 메르시에서 느긋한 시간 보내기

메르시에는 세 개의 레스토랑과 카페가 있다. 쇼핑을 즐기다 출출해지면 건물 지하에 위치한 구내식당La Cantine de merci에서 샐러드와 생과일 주스로 디톡스를 즐기거나, 건물 입구에 있는 시네마 카페Cinéma café에서 파이나 케이크류와 커피 한 잔을, 아니면 유즈드 북 카페Used book café에 들러 디톡스 티 한 잔을 즐겨보자.

02

03

04

05

06

07

08

01 조명을 사랑하는 파리지앵들에게 조명 코너는 언제나 인기다.
02 빈티지 스타일의 노트는 나를 위한 기념품으로 구입해보자.
03 다양한 컬러의 레페토 플랫 슈즈도 만날 수 있다.
04 여행의 기록을 세세하게 담을 수 있는 다이어리 컬렉션
05 팬톤부터 필립 스탁까지 최신 디자이너 제품과 만날 수 있다.
06 멜버른에서 태어난 친환경 화장품 에어숍(Aesop) 코너
07 08 2층에 가면 다양한 예쁜 식기와 가구들이 기다린다.

주소: 111 boulevard Beaumarchais 75003 Paris
교통편: M8 Saint-Sébastien Froissart에서 도보 1분
연락처: 01 42 77 00 33
영업시간: 월~토 10:00~19:00
www.merci-merci.com

이스투아 드 파퓸

Histoires de Parfums

파트리크 쥐스킨트의 소설 『향수』의 배경인 남프랑스 그라스에선 전세계 향수 원액의 70퍼센트 이상이 생산되며, 샤넬, 지방시 등 명품 브랜드들의 향수를 개발하는 조향사들이 활동하고 있다. 프랑스를 '향수의 천국'으로 부르는 이유는 바로 이처럼 향수가 태어나는 고향이자 세계적으로 가장 많은 조향사들이 활동하는 무대가 프랑스이기 때문이다.

한국 여행자들은 파리에서 향수를 살 때 대부분 대형 코스메틱 스토어인 '세포라Séphora'나 '몽주Monge' 약국을 찾는다. 국내보다 저렴하게 살 수 있고 다양한 물건을 갖추고 있어, 선물을 구입하기에도 좋기 때문이다. 하지만 이왕 파리에 온 김에 개성적인 부티크로 시선을 돌려보라고 권하고 싶다. 그중 향수 전문 브랜드 '이스투아 드 파퓸'('향수의 역사'라는 뜻)이 마레에 오픈한 플래그십 스토어는 남다른 향수를 원하는 사람이라면 놓치지 말아야 할 곳이다.

이스투아 드 파퓸은 '향수 라이브러리Bibliothèque Olfactive'를 콘셉트로 역사 속 유명 인물들과 어울리는 향을 매칭하고 그 원료에 대한 이야기를 들려주는 식으로 브랜드의 성격을 확립해왔다. 아이보리 컬러의 종이에 타이틀이 선명하게 새겨진 패키지와 심플하면서 시선을 끄는 용기는 그 자체만으로도 충분히 매력적이다. 제품의 용량은 60ml용(87유로),

120ml(145유로) 중 선택할 수 있는데, 120ml 용기를 정확히 반으로 잘라 만든 60ml 용기에서 위트가 느껴진다.

이곳의 베스트셀러는 다음의 7종이다. 헤밍웨이, 상드, 사드 후작, 카사노바, 쥘 베른 등의 작가부터 마타 하리, 유제니 드 몬티호(프랑스의 마지막 황후로 뛰어난 패션 감각을 자랑했다.)에 이르기까지 역사 속 인사들의 출생년도가 적힌 심플한 라벨에 반해 이 시리즈를 모으는 사람들이 많다. 최근에는 물랭 루즈, 올랭피아 등의 공연장을 테마로 한 스페셜 에디션도 등장했다. 2014년에 1,000병 한정으로 출시된 '메이크 퍼퓸 낫 워Make Perfume Not War'는 수익 중 일부를 UN에 기부하여 전쟁 국가의 아이들을 돕는 데 쓰는 등 사회적 활동도 꾸준히 하고 있다.

01 갈때기를 이용해 향을 맡아볼 수 있게 한 아이디어가 돋보인다.
02 유명인사들의 생년월일이 적힌 향수병들은 하나 둘 모으다 보면 훌륭한 컬렉션이 된다.

Tip 추 천 향 수 및 구 매 가 이 드

여성 취향의 향수
1804 George Sand(조르주 상드) 플로랄, 용연향
1826 Eugénie de Montijo(유제니 드 몬티호) 섹시한 용연향
1873 Colette(콜레트) 먹음직스런 레몬
1876 Mata Hari(마타 하리) 스파이시, 장미
남성 취향의 향수
1725 Casanova(카사노바) 고사리류, 용연향
1740 Marquis de Sade(사드 후작) 나무향, 스파이시
1828 Jules Vernes(쥘 베른) 아로마, 레몬
1899 Ernest Hemingway(어니스트 헤밍웨이) 오리엔털 나무

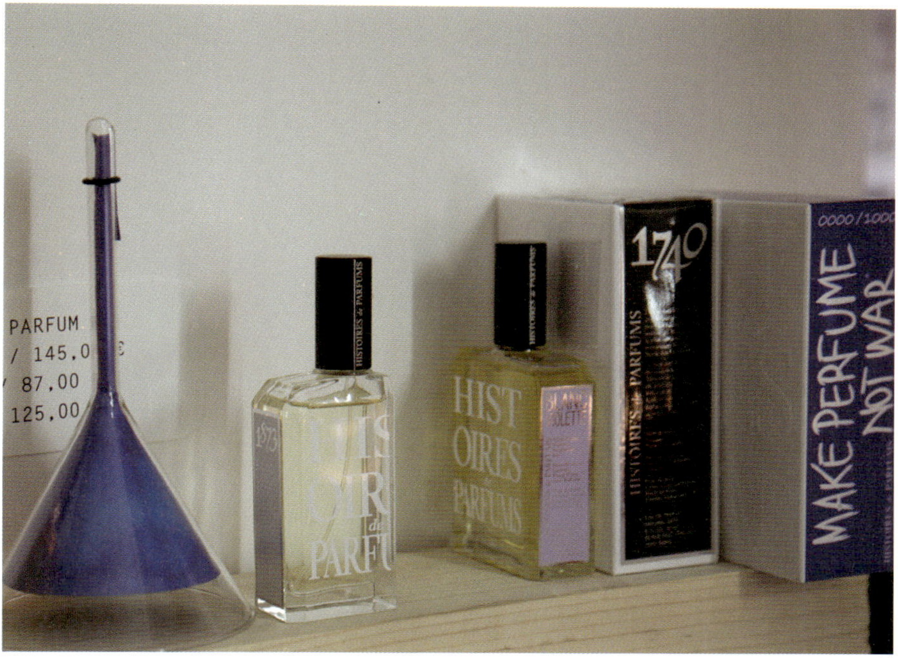
PARFUM
/ 145.00
87.00
125.00
HISTOIRES de PARFUMS
HIST OIRES de PARFUMS
1740
0000/1000
MAKE PERFUME NOT WAR

01

HISTOIRES de PARFUMS
1969
AMBRE 114
NOIR PATCHOULI
BLANC VIOLETTE
VERT PIVOINE
1828
1740
1725
1876
1873
1826
1804

02

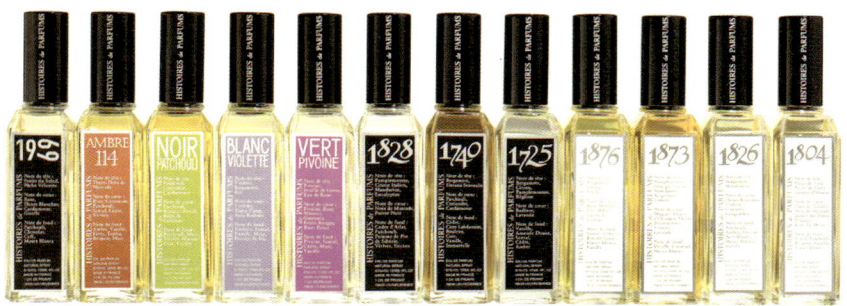

03

04

03 자신이 여행한 도시들의 향수는 특별한 추억으로 남는다.
04 파리를 여행하는 여성이라면 조르주 상드를 기념하는 '1804'를 추천한다.

'이스투아 드 파퓸'의 향수 중 남성에게는 헤밍웨이에 대한 오마주로 만들어진 '1899'를, 여성에게는 상드를 기념하는 '1804'를 써보라고 권하고 싶다. '1899'는 이탈리아 산 베르가모트와 블랙 페퍼, 피렌체의 아이리스, 시나몬 향을 블렌딩했으며, '1804'는 복숭아와 하와이 산 파일애플, 뮈게(은방울꽃), 인도의 자스민 등이 주재료다.

이 숍에서는 'The Scent of Departure(출발의 향기)'라는 이름의 팝업 갤러리도 함께 운영하고 있다. 서울을 비롯해 전세계 주요 도시 23곳의 이미지를 향기로 담아 탑승권을 모티프로 디자인한 용기에 담아 판매하는데, 합리적인 가격과 자신이 여행한 도시 컬렉션을 모을 수 있어 젊은이들에게 인기를 얻고 있다. 파리를 기념하는 'CDG'(샤를 드골 공항의 이니셜)는 상큼한 레몬과 로맨틱한 은방울꽃과 장미향을 넣은 오 드 투알렛으로, 파리여행 기념으로 살 만하다(가격은 40유로). 여행을 마치고 일상으로 돌아간 어느 날, 파리가 그리워질 때 한 번씩 뿌려주면 소중한 기억이 향과 함께 잠시나마 되살아날 것이다.

주소: 11 rue du Roi Doré 75003 Paris
교통편: M8 Saint-Sébastien Froissart에서 도보 5분
연락처: 01 40 13 87 57
영업시간: 월~토 10:00~19:00
www.histoiresdeparfums.com

디지털 아트부터
록 콘서트까지

게테 리리크
Gaîté Lyrique

1862년 오스만 남작의 설계로 세워진 이래 150여 년 동안 한자리를 지켜온 건물이 있다. 이름은 '테아트르 드 라 게테Théâtre de la Gaîté', '테아트르 리리크Théâtre Lyrique', '오페라 포퓰레르Opéra Populaire', '오페라 뮤니시팔 드 라 게테Opéra Municipal de la Gaîté' 등으로 여러 차례 바뀌었지만 말이다. 이곳에선 자크 오펜바흐 같은 위대한 음악가의 공연, 빅토르 위고의 70세 생일을 축하하기 위한 러시아 발레단의 공연, 배우이자 연출가였던 실비아 몽포르Silvia Monfort가 디렉팅한 '서커스 에콜' 등, 음악부터 서커스까지 다양한 공연들이 열렸다. 이 건물에 얽힌 스토리를 살펴보면, 훗날 복합 문화공간으로 정착하기까지 머나먼 길을 돌아왔다는 느낌이 들 정도다.

1980년대 초반에는 허물어질 뻔한 위기를 맞았지만, 애니메이션 제작자 장 샬로팽Jean Chalopin이 제작한 '마술의 세계Planète Magique'라는 프로젝트로 간신히 회생했다. 하지만 이 프로젝트도 실패로 돌아가면서 건물은 오랜 세월 버려진 채 버텨야 했다. 그러다가 2002년, 파리 시청에서 '게테 리리크'로 이름을 바꾸고 이 건물을 음악 및 디지털 문화공간으로 새롭게 단장하기로 결정하면서 새로운 전기를 맞게 된다. 비디오 설치 작가인 사무엘 루소Samuel Rousseau는 같은 해 10월 '파리의 밤' 행사를 열어 이 프로젝트를 널리 알렸고, 공모전을 통해 당선

된 '마누엘 고트랑 건축사무소'의 설계안을 바탕으로 공사가 시작됐다.

2012년, 이 역사적인 건물은 마침내 화려하진 않지만 전통을 간직한 웅장한 외관, 높은 천장, 모던한 실내, 에밀 쇼탕Émile Chautemps 광장 방향으로 나 있는 테라스가 아름다운 공간으로 재탄생했다. 2층으로 올라가면, 바로 벼룩시장이 떠오를 정도로 제각기 다른 의자와 테이블로 가득한 에스닉 스타일의 카페가 있다. 이곳에선 와이파이를 사용할 수 있으며, 최신 게임을 즐길 수 있는 재미있는 공간도 있다.

같은 층에 있는 도서관은 미래에서 튀어나온 것처럼 감각적인 공간을 자랑한다. 미술, 디자인, 건축, 무용, 스트리트 아트, 그라피티 등 수많은 자료를 검색할 수 있으며, 150여 종에 달하는 해외 정기간행물과 만화 코너는 늘 사람들로 북적인다. 도서관에서 뒤쪽으로 눈을 돌리면 파리 센 강변에서 흔히 볼 수 있는 고서 가판대를 현대적으로 재구성한 부티크가 보인다. 유기농 면 가방, 머그컵, 스티커, 마그네틱, 스마트폰 액세서리, 티셔츠 등을 판매하는데 에펠탑 열쇠고리 같은 관광 기념품에 기뻐하지 않는 이들에겐 꽤 좋은 선물이 될 것 같다.

복합 문화공간인 만큼 그라피티 아티스트들의 컨퍼런스, 다양한 장르의 음악 공연이 끊임없이 이어진다. 예술과 문화의 크로스오버

01 다양한 전시 정보를 얻을 수 있는 인포메이션 데스크
02 패션, 건축, 디자인과 같은 실용 예술의 최신 자료를 볼 수 있는 2층의 도서관
03 빈티지 가구들이 들어선 에스닉한 스타일의 2층 카페 내부는 아티스트들의 아지트다.
04 카페에 진열된 최신 매거진 코너는 프랑스 잡지의 현주소를 보여준다.
05 아이디어가 뛰어난 디자인 제품이나 도서를 전시해놓은 진열장을 구경하는 재미도 쏠쏠하다.

01

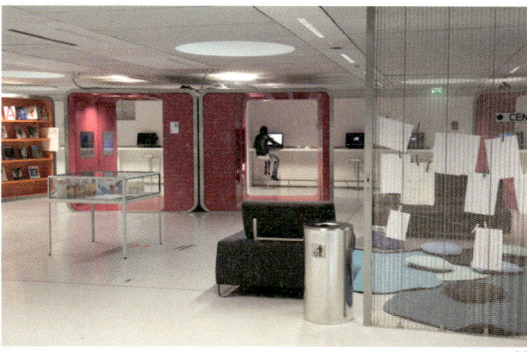

02

04

03

05

가 만들어내는 활기는 자석처럼 사람들을 끌어당겨, 게테 리리크는 언제나 에너지 넘치는 크리에이터들부터 바쁜 일과를 마친 젊은 직장인과 학생들로 문전성시를 이룬다.

요금: 일반 €7.5 학생 €5.5
주소: 3 bis rue Papin 75003 Paris
교통편: M3·11 Arts et Métiers에서 도보 5분
연락처: 01 53 01 51 51
개관시간: 화~토 10:00~13:00, 일 12:00~19:00
입장은 무료. 공연이나 전시를 보려면 관람료를 내야 한다.
www.gaite-lyrique.net

라 메종 루즈 & 로즈 베이커리

La Maison Rouge & Rose Bakery

'빨간 집'이라는 뜻의 '라 메종 루즈'는 현대미술 작가들의 특별한 전시를 볼 수 있는 예술 공간이다. 현대미술 작품 컬렉터이자, 젊은 작가들의 등용문인 '살롱 드 몽루즈Salon de Montrouge'의 2011년 심사위원장을 역임했던 앙투안 드 갈베르Antoine de Galbert가 문을 연 이 미술관은 이름처럼 강렬한 빨간색의 외관이 눈길을 끈다. 참신하고 독특한 주제 아래 젊고 새로운 작가들의 작품을 소개하는 것이 이 미술관의 취지다. 이곳에서는 작가와의 만남, 콘서트 등 아티스트와 관객들이 친밀하게 만날 수 있는 행사를 종종 열어 현대미술은 어렵고 난해하다는 선입견을 덜어내고자 노력하고 있다.

061

라 메종 루즈의 전시실은 4개의 커다란 파티션으로 나뉘어 있다. 이는 유리로 된 천장을 통해 빛이 들어오게 하거나 막기 위한 것으로, 한창 주목받고 있는 젊은 건축가 장 이브 클레망Jean Yves Clement이 설계했다. 최근에는 프랑스의 유명 예술가 장 미셸 알베롤라Jean Michel Alberola의 지휘 아래 입구부터 카페까지 이르는 공간을 다양한 컬러와 디자인으로 새롭게 꾸며 개성이 넘치는 공간으로 재정비됐다.

사실 라 메종 루즈가 사람들의 관심을 끌게 된 것은 2010년 10월 꼼 데 가르송에서 운영하는 유기농 베이커리 레스토랑 겸 카페인 '로즈 베이커리'가 들어서면서부터다. 파리 마레 지역에 처음 문을 열자마자 트렌드 세터들이 사랑하는 핫한 곳으로 유명세를 떨쳤던 로즈 베이커리 덕분에 라 메종 루즈를 찾는 이들이 한층 더 많아졌다. 주중에 카페에 가면 미술관 관계자들과 미팅을 하고 있는 예술가들을 흔히 볼 수 있다.

라 메종 루즈의 모토는 '끊임없이, 역동적으로 변화하는 공간'이다. 얌전한 화이트 큐브 안에 작품들을 단정히 전시하는 것을 거부하고, 작품의 성격과 분위기에 맞춰 공간도 쉴 새 없이 변형시킨다. 늘 펄떡이고 생동하는 라 메종 루즈에 갈 때마다 가슴이 뛰는 이유다.

01 전시를 관람하다 시원한 공기가 필요할 때 휴식을 취할 수 있는 뜰
02 모던함과 심플함으로 단장한 건물 안에 들어선 이색 미술관
03 아티스틱한 공간으로 단장된 로즈 베이커리
04 05 06 네온이라는 특별한 주제로 전시가 열리는 등 아방가르드한 기획전이 연중 열린다.

Tip 미술관에서 건강한 한 끼 식사를

우리나라 한남동에도 지점을 낸 로즈 베이커리는 유기농 재료를 사용하여 몸에 좋은 음식을 내놓는다. 로즈 베이커리에서 가볍고 건강한 식사와 만나보자. 스프와 본식과 커피를 즐길 수 있는 점심 특선 메뉴가 12.50유로부터. 주말에는 브런치 메뉴를 25유로에 즐길 수 있다.

01

04

05

02

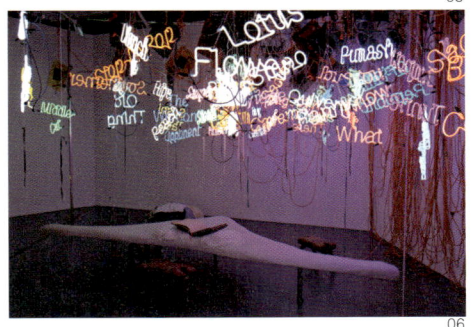

06

03

주소: 10 boulevard de la Bastille 75012 Paris

교통편: M5 Quai de la Rapée에서 도보 5분

연락처: 01 40 01 08 81

개관시간: 수〜일 11:00~19:00, 목 11:00~21:00

www.lamaisonrouge.org

하이 마틱
Hi Matic

나무와 종이 소재로 만든 가구와 소품, 숲 속에 있을 법한 통나무집을 들여놓은 객실에 들어서면 마치 캠핑장에 온 것 같다. 라임, 스카이블루, 블루, 바이올렛, 레드 등 감각적으로 배치된 컬러는 좋은 느낌을 선사하며, 침대에 놓인 커다란 쿠션을 보면 바로 뛰어들고 싶어진다. 호텔 하이 마틱은 무인 운영이 기본 원칙인지라, 인터넷을 통해 예약을 하고 코드를 받아야 정문을 통과할 수 있다. 무인 리셉션 기계에 예약번호를 입력하면 방 번호와 시크릿 코드가 나온다. 로비에는 컴퓨터가 비치되어 있고, 파리 여행서, 최신 라운지 음악 CD, 아이폰에 연결하는 휴대용 스피커 같은 것들을 구입할 수 있는 자판기가 설치돼 있다. 로비를 둘러보면 미래의 호텔은 이런 모습이라고, 미리 보여주는 것 같다. 아침식사를 할 수 있는 지하의 레스토랑에서는 재활용이 가능한 친환경 집기들을 사용하며, 음식은 유기농 식재료로 만든다. 따로 시간이 정해져 있지 않아 오전 중엔 아무 때나 식사를 할 수 있다.

컨템포러리한 디자인, 어반 에코 콘셉트로 젊은이들의 사랑을 받고 있는 호텔 하이 마틱은 '색의 마술사', '천재 디자이너'로 불리는 디자이너 마탈리 크라세Matali Crasset가 디자인했다. 1991년 루이 뷔통 콩쿠르에서 1등상을 받으며 화려하게 데뷔한 크라세는 필립 스탁이 수장으로 있던 가전회사 톰슨 프로젝트에서 일하며 두각을 나타냈다. 1998년 '마탈리 크라세 프로덕션'을 세운 다음부터는 건축과 인테리어 분야에서 감각적인 디자인으로 큰 명성을 얻었다. 특히 2003년 니스의 '하이 호텔Hi-Hotel' 디자인으로 큰 주목을 받았으며, 하이 마틱 호텔도 그 연장선상에 있다.

격식 있고 럭셔리한 호텔보다는 세련되면서도 편안한 공간, 환경을 중시하는 태도를 선호하고 특히 호텔 직원을 비롯한 타인의 간섭을 원치 않는, 프라이빗한 여행을 추구하는 사람에겐 하이 마틱만 한 곳이 없다.

01 02 안락함은 덜한 대신 공간 활용과 기능성을 극대화한 객실 내부
03 지하 레스토랑에서는 오가닉 제품만을 서비스한다.
04 파스텔톤의 다양한 컬러가 활기를 더해주는 호텔 복도
05 셀프 체크인은 누구나 쉽게 할 수 있다.

01

02

03

05

04

예산: 싱글/더블 €84~

주소: 71 rue de Charonne 75011 Paris

교통편: M9 Charonne에서 도보 5분

연락처: 01 43 67 56 56

www.hi-matic.net

02

<u>샹젤리제</u>

러시아에서 온
찻집

카페 쿠스미초프
Le Café Kousmichoff

마리아주 프레르Mariage Fréres의 티도 좋지만, 색다른 차를 맛보고 싶다면 샹젤리제 거리의 '카페 쿠스미초프'를 추천한다.

1867년 상트페테르부르크에서 태어난 러시아 전통의 티 브랜드 '쿠스미 티Kusmi Tea'에서 운영하는 이곳에 가면 제품 쇼핑은 물론, 차와 식사를 한자리에서 즐길 수 있다.

오랜 역사를 가진 곳답게 250여 종에 달하는 제품을 구비하고 있으며, 파스텔 톤으로 예쁘게 단장된 2층에는 쿠스미 티를 맛볼 수 있는 바와 간단한 식사를 할 수 있는 레스토랑이 있다. 샹젤리제 거리를 바라보며 차를 마실 수 있는 테라스는 늘 사람들로 가득하다.

러시아 혁명의 영향으로 창업주 가족이 유럽으로 이주하면서 1917년 파리에 처음 소개된 쿠스미 티는 수많은 부침을 겪으며 살아남은 브랜드다. 1972년에는 파산 신고를 하면서 완전히 사라질 위기에 처하기도 했으나, 공격적이고 참신한 마케팅으로 기사회생, 파리에서 가장 매력적인 티 브랜드로 자리매김했다.

최근에는 우리나라 사람들에게도 쿠스미 티의 차들이 선물용으로 인기가 높은데, 특히 디톡스 효과가 있는 베르가모트와 오렌지 향이 상큼한 하모니를 이루는 '아나스타샤', 중국엽과 만다린, 그리고 베르가모트를 블렌딩한 '트로이카' 등이 유명하다.

01

02

03

01 1층 매장에서는 쿠스미 티의 제품을 살 수 있으며 레스토랑은 2층에 마련돼 있다.
02 조용한 상젤리제를 느끼며 즐기는 아침식사
03 예쁜 패키징이 여심을 자극한다.
04 상젤리제 거리를 걷다보면 쉽게 눈에 띄는 쿠스미 티 매장 외관
05 세계에서 가장 빠르게 신제품과 만날 수 있는 플래그쉽 스토어

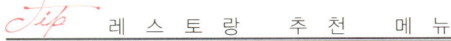

Tip 레 스 토 랑 추 천 메 뉴

간식류

르 파리 브레스트(Le Paris Brest): 슈와 슈 사이에 프랄린 크림을 넣은 페이스트리 €13.50

라 타르트 시트롱(La Tarte au Citron): 레몬 타르트 €12.50

저녁식사류

클럽 샌드위치(Club Sandwich): 닭가슴살, 베이컨, 토마토, 아보카도를 넣은 샌드위치 €19.50

카르파치오 드 뵈프(Carpaccio de boeuf): 샐러드를 곁들인 얇게 저민 쇠고기 요리 €19

예산: 본식 €20~35, 디저트 €12.50~13.50, 일요일과 국경일의 브런치 €38

주소: 71 avenue des Champs-Élysées 75008 Paris

교통편: M1 George V에서 도보 4분

연락처: 01 45 63 08 08

영업시간: 월~금 08:00~23:00, 토~일(공휴일) 10:00~23:00

레스토랑 영업시간: 아침식사 주중 08:00~11:30 주말 10:00~11:30 브런치 일요일과 국경일 11:30~15:30

www.cafekousmichoff.com

파리를 한눈에 바라보며
즐기는 프렌치

메종 블랑슈
Maison Blanche

'메종 블랑슈'는 생토노레 거리rue Saint Honore 끝자락에 있는 '샹젤리제 극장Théâtre des Champs-Élysées' 7층에 자리 잡은 덕분에 가장 훌륭한 메뉴는 '전망'이라 해도 과언이 아닐 정도로 분위기가 근사한 레스토랑이다. 에펠탑을 포함한 파리 전경을 통유리를 통해 볼 수 있어 연인들의 데이트 코스로 애용되는데, 테라스로 나가면 마치 공중에 떠서 식사를 하는 것 같아 로맨틱하기 그지없다. 나폴레옹이 잠들어 있는 앵발리드, 파리의 스카이라인에 방점을 찍어주는 에펠탑, 센 강의 유람선 바토 무슈가 만들어내는 풍경의 파노라마는 살면서 절대 잊을 수 없는 기억으로 각인될 만하다.

레스토랑을 책임지고 있는 랑그독 출신의 쌍둥이 셰프, 자크와 로랑 푸르셀Jacques & Laurent Pourcel의 요리는 신선한 재료, 조화로운 맛이 특징이다. 몽펠리에에서 이미 미슐랭 스타급 레스토랑을 키운 전력이 있는 이들은 오감을 만족시키는 음식들을 내놓는데, 바질 향이 은은하게 나는 토마토 소스를 얹은 오징어 등, 해산물 요리가 미식가들 사이에서 평이 좋다. 지금은 푸르셀 형제의 제자인 젊은 셰프, 실뱅 뤼페나슈Sylvain Ruffenach가 메종 블랑슈의 주방을 지휘하고 있다.

연륜 있는 소믈리에가 고르고 추천하는 와인 컬렉션도 특별하다. 보르도, 부르고뉴부터 투렌, 랑그독과 프로방스 등 여러 지역 출신의

와인 380여 종을 갖추고 있다. 한국인이 좋아
할 만한 메뉴로는 파마산 크림으로 맛을 낸 아
스파라거스와 푸아 그라 요리, 홍합을 우려낸
육수와 사프란을 뿌린 가리비 요리, 훈제 에
샬롯을 곁들인 소 볼살 요리가 훌륭하다. 디
저트로는 달콤한 밤잼과 머랭으로 만든 몽블
랑이 좋다. 점심 코스는 48~58유로 사이, 저
녁은 이보다 가격대가 좀더 높다.

01

01 겨자색 소파에서 즐길 수 있는 편안한 식사
02 높은 천장과 통유리 덕분에 탁 트인 시야로 파리를 감
상할 수 있다.
03 유명 포토그래퍼의 사진이 전시된 감각적인 바도 함께
운영한다.
04 일품 요리 중 하나인 버섯과 개구리 다리 요리
05 향긋한 야채와 자몽, 가리비로 만든 해산물 요리

Tip 메 종 블 랑 슈 의 밤

토요일 밤. 자정에서 30분이 지나면 메종 블랑슈는 클럽
으로 변신한다. 이른바 '클럽 화이트룸'으로 잠시 이름을
바꾸고, 전설적인 DJ들과 함께 '뉴요커의 리듬'. '힙합과
록' 등 다양한 테마로 파티를 연다. 파리의 밤문화를 즐기
고 싶다면 놓쳐서는 안 될 기회다. 클럽 화이트룸은 레스
토랑이 영업을 마친 후 레스토랑 2층 공간에 문을 연다.

02

03

04

05

예산: 점심 전식+본식 또는 본식+후식 €39,
전식+본식+후식 €58, 저녁 €69~145
주소: 15 avenue Montaigne 75008 Paris
교통편: M9 Alma Marceau에서 도보 3분
연락처: 01 47 23 55 99
영업시간: 월~금 12:00~14:00, 20:00~23:00,
　　　　　토~일 20:00~23:00
www.maison-blanche.fr

아틀리에 조엘 로부숑

L'Atelier Joël Robuchon(etoile)

식문화가 유네스코 세계유산으로 등록된 곳은 이탈리아를 포함해 지중해, 멕시코, 터키, 그리고 프랑스가 있다. 프랑스 요리는 2010년 11월 유네스코 세계유산으로 등재됐는데, 그 배경에는 조엘 로부숑, 알랭 뒤카스, 피에르 가녜르, 에릭 프레숑, 기 마르탱 같은 대단한 셰프들이 있었다. 이들은 프랑스는 물론 전 세계에 자신의 이름을 내건 레스토랑을 열 정도로 엄청난 실력과 유명세를 자랑한다. 그중 조엘 로부숑은 『미슐랭 가이드』에서 별점 26개를 획득, 영국의 자존심 고든 램지(12개), 미국의 토마스 켈러(7개)를 제치고 세계 최고의 요리사로 등극한 전설적인 인물이다.

파리는 물론 뉴욕, 도쿄 등지에 16개의 레스토랑을 운영하고 있는 조엘 로부숑이 가장 최근에 문을 연 '아틀리에 조엘 로부숑'은 샹젤리제 거리에 있는 광고 회사 '퍼블리시스Publicis' 본사 건물의 지하에 있다. 한창 잘나가던 시기에 "별점에 휘둘리지 않겠다"며 휴식기를 가진 후 처음으로 문을 연 아틀리에 조엘 로부숑은 곧 런던, 도쿄, 라스베이거스, 뉴욕, 홍콩에 지점을 낼 정도로 큰 성공을 거두었다. 고급 레스토랑 하면 떠오르는 나비넥타이와 예약제를 없애고 바 스타일의 테이블을 설치, 한 편의 쇼를 보듯 셰프들이 음식 만드는 과정을 직접 보면서 식사를 즐길 수 있는 파격적 아이디어가 좋은 호응을 얻었던 것이다.

홀에 들어서면 스태프들이 끊임없이 "Oui, Chef!"(네, 셰프) 하고 우렁차게 외치는 소리를 들을 수 있다. 붉은 등 아래 뜨거운 플레이트 위에선 예술에 가까운 손놀림이 펼쳐진다. 조리하는 과정부터 심혈을 기울여 접시에 담기까지 이 모든 광경을 손님들은 숨죽인 채 지켜본다.

메뉴는 계절에 따라 달라지지만, 카푸치노 스타일의 따뜻한 아스파라거스 수프, 꽃양배추로 만든 무스가 들어간 캐비어, 파마산 치즈와 푸아 그라를 곁들인 화이트 트뤼플, 레몬 향을 담은 농어와 강황가루를 뿌린 파, 입안에서 살살 녹는 양고기, 타히티산 바닐라가 들어간 파인애플과 치즈 등이 코스로 나오는 최상급 코스 'Menu Découvertes'를 165유로에 즐길 수 있다. 부담스럽다면 37, 57, 77유로의 가격대로 구성된 점심 메뉴부터 시도해보는 것도 괜찮다.

01 가족이나 친구 모임을 가질 수 있도록 마련된 테이블이 있는 홀 내부
02 달콤하게 식사를 마무리 할 수 있는 수플레
03 테이블로 서빙되기 전 마지막 손질을 거치는 모습까지 손님들이 볼 수 있는 오픈 키친
04 예술 작품을 연상케 하는 섬세한 데커레이션
05 코코트라는 주물 냄비에 담겨나오는 요리도 있다.

Tip   위 대 한   셰 프   조 엘   로 부 숑

'아틀리에 조엘 로부숑'에 가기 전, 로부숑 이야기를 알고 가면 테이블 위의 간단한 요리 한 접시조차 그냥 지나칠 수 없을 것이다. 로부숑은 열다섯 살에 이미 레스토랑의 주방에서 요리를 시작했으며, 스물아홉 살에는 파리의 호텔 '콩코드 라파예트'에서 90명의 요리사를 지휘하는 요리장이 되어 매일 3,000명 이상의 고객을 위한 음식을 만든 '위대한 셰프'다. 1976년 프랑스 정부에서 인정하는 '최고의 장인'에 오른 그는 1981년 12월 15일 '자맹Jamin'이라는 레스토랑을 열었고, 3년 만에 『미슐랭 가이드』에서 최고의 평가인 별 3개를 받을 정도로 잘나갔다.

1993년 한창 잘되고 있던 레스토랑을 돌연 닫은 그는 정부에서 인정하는 요리 장인 시험인 프랑스 요리명장MOF의 최고 심사위원이 되어 후배를 양성하는 한편, 끝없는 연구와 여행을 통해 자신의 요리를 계속 발전시켜나갔다. '요리는 신이 내린 축복이며 일상의 즐거움'이라는 신념 아래 시작한 그의 TV 프로그램 〈맛있게 드세요Bon appétit bien sûr〉는 프랑스인들을 열광시켰으며, 프랑스 정부에 미각교육을 제안하기도 했다. 그 이후 지금까지 프랑스에선 '미각 주간'을 정해 일류 요리사들이 각 학교를 찾아다니며 프랑스 고유의 맛을 가르치고 있다.

한 요리사의 노력과 열정이 국가적인 차원에서 진지하게 논의되고 실현될 수 있는 교육 환경이 프랑스가 '미각의 나라'라는 명성을 유지하도록 해주는 원동력이라 할 수 있을 것이다.

01

02

04

05

03

예산: 점심 €43~83, 저녁 €70~130

주소: 133 avenue des Champs–Élysées 75008 Paris

교통편: M1·2·6 / RER A

    Charles de Gaulle Étoile에서 도보 2분

연락처: 01 47 23 75 75

영업시간: 11:30~15:30, 18:30~24:00

http://atelier-robuchon-etoile.com

프랑스의 유서 깊은 크리스털 회사인 바카라의 대표이자 메종 드 바카라의 주인인 안클레르 태탱제Anne-Claire Taittinger가 '상상이 쾌락으로 바뀌고, 환상이 자유로워지는 공간'이라는 콘셉트로 필립 스탁에게 디자인을 의뢰하여 오픈한 레스토랑이다. 파리의 부호들이 모여 사는 개선문과 에펠탑 사이에 있는 이 레스토랑은 20세기 초반 장 콕토, 만 레이 등 수많은 예술가들과 정치인들이 사교모임을 갖던 역사적인 건물에 들어서 있다.

건물 문을 열면 나타나는 레드 카펫을 따라 안으로 들어가면 14미터에 달하는 거대한 크리스털 테이블과 화려한 샹들리에가 사방에서 반짝인다. 테이블은 물론 의자 다리까지 크리스털로 장식돼 있는 이 공간은 환상을 현실로 옮겨놓은 것 같다. 오래된 성 안에 있을 것만 같은 고풍스런 계단을 따라 발길을 옮겨 2층으로 올라가면 수백 년 동안 최고급 크리스털을 생산해온 바카라 사의 지난날을 보여주는 박물관이 있다. 와인 잔은 물론 섬세한 솜씨가 시선을 붙잡는 화병 등 수백여 종에 달하는 바카라 사의 제품들이 세월의 켜를 끌어안고 저마다 다른 빛을 발하고 있다.

레스토랑 '크리스털 룸'은 이 박물관 옆에 있다. 전면이 거울인 2층 출입문을 통해 안으로 들어가면 금빛 테두리의 거울과 다양한 문양으로 마블링된 대리석 벽, 휘황찬란한 샹들리에의 빛, 섬세한 바카라의 식기들과 세련된 테이블 세팅이 눈앞에 펼쳐진다. 화려한 고전미를 자랑하는 레스토랑의 규모는 그리 크지 않다. 눈부신 빛을 내뿜는 샹들리에와 중세 스타일의 가구, 필립 스탁이 디자인한 모던한 가구들이 어우러진 메인 홀과 아담한 방, 테라스로 이루어져 있다.

점심, 저녁은 물론, 주말에는 브런치도 즐길 수 있는 레스토랑은 정통 프렌치 정찬과 건강을 중시한 메뉴를 내놓는다. 셰프는 미슐랭 2스타 레스토랑인 '그랑 베푸르Le Grand Vefour'의 셰프이자 TV5 Monde의 요리 프로그램 진행자로 유명한 기 마르탱Guy Martin이 맡고 있다. 그는 크리스털 룸의 레시피 개발에 관여하는 한편, 스태프들과 함께 계절 메뉴를 선보이고 있다. 제철 요리 중심이라 메뉴는 계절마다 차이가 있는데, 최근에는 발사믹과 오렌지로 풍미를 돋은 팬 프라이 새우 요리, 사프란과 초리조 소시지를 넣고 만든 아귀 요리, 양파와 감자를 곁들인 돼지고기 등이 식도락가들 사이에서 평이 좋다. 점심 메뉴는 전식과 본식 또는 본식과 후식으로 선택할 경우 36유로, 풀코스는 55유로다.

01

01 세계적인 실력을 자랑하는 훈남 셰프, 기 마르탱
02 필립 스탁이 디자인한 블랙 샹들리에와 바로크 스타일의 인테리어가 조화를 이룬다.
03 셰프의 모던한 해석으로 새롭게 창조된 푸아 그라
04 향긋한 산딸기와 새콤한 아이스크림이 어우러진 디저트

Tip 셰프 기 마르탱의 레스토랑

미슐랭 2스타에 빛나는 기 마르탱의 진짜 솜씨를 맛보려면 전통을 자랑하는 레스토랑 '르 그랑 베푸르Le Grand Véfour'를 추천한다. 18세기 스타일로 꾸며진 고풍스런 인테리어에서 정통 프렌치 키친을 경험할 수 있다. 다만 프랑스 최고의 셰프 중 한 사람답게 1인당 200~300유로의 예산은 각오해야 한다. www.grand-vefour.com

02

03

04

예산: 전식+본식 또는 본식+후식 €36,

　　전식+본식+후식 €55, 저녁 풀코스 €109~159

주소: 11 place des États-Unis 75116 Paris

교통편: M6 Boissière에서 도보 4분

연락처: 01 40 22 11 10

영업시간: 월~토 12:00~14:00, 19:30-22:00

www.cristalroom.com

알랭 뒤카스 오 플라자 아테네

Alain Ducasse au Plaza Athénée

전설적인 셰프 알랭 뒤카스Alain Ducasse의 레스토랑 '플라자 아테네'에서는 '프랑스 현대 요리의 정석'을 만날 수 있다. 프랑스 전통 요리가 지닌 역사성과 기품에 베이스를 두되, 전국 각지에서 생산된 재료를 각 지역 특유의 조리법으로 모던하게 풀어내 아름다운 식탁을 만들어낸다. '플라자 아테네' 호텔 안에 위치한 레스토랑에 들어서면 거대한 샹들리에가 내뿜는 눈부신 빛에 압도당한다. 천재 디자이너로 불리는 패트릭 주앙Partrick Jouin의 손길이 닿은 이곳은 고전적이면서도 모던한 분위기가 절묘하게 균형을 이루며, 일본 등에서 공수해온 독특한 오브제를 배치해 '레스토랑 인테리어의 오트 쿠튀르'라는 평을 듣기도 했다. 시작부터 명불허전이란 말이 떠오르게 하는 멋진 연출이다.

식탁으로 돌아가 음식에 집중해보자. 플라자 아테네가 추구하는 맛은 '심플'이다. 계절에 따라 재료와 메뉴가 계속 달라지기 때문에 특정 요리를 추천하기가 난감할 정도다. 다만 최상의 것으로만 엄선한 재료를 환상적으로 조합한 음식을 맛볼 수 있다는 것만은 확실하다. 와인 리스트 역시 프랑스에 편중되지 않고 독일, 스위스, 캘리포니아, 이탈리아를 아우른다. 전세계로 식도락 여행을 다니는 듯한 느낌을 줄 수 있도록 다양한 와인 셀렉션을 위해 최고의 소믈리에 중 한 사람인 제라르 마정

Gerard Margeon과 '1001와인Les 1001 Vins'이라는 유명한 프랑스 와이너리와 협력하고 있다고.

알랭 뒤카스의 환상적인 요리와 플라자 아테네 호텔의 분위기를 제대로 즐기려면 역시 저녁 정찬이 좋다. 단, 4개의 메인 요리와 치즈, 디저트를 세트로 즐기면 380유로라는 만만치 않은 비용을 치러야 한다. 이것이 부담스럽다면 두 사람이 200~300유로 정도의 예산이면 충분한 단품 요리를 주문하는 방법도 있다. 식사를 마치고 그 분위기를 이어가고 싶다면 같은 건물 안에 있는 '바 뒤 플라자 아테네Bar du Plaza Athénée'를 추천한다. 레스토랑과 마찬가지로 패트릭 주앙이 디자인한 모던한 스타일의 공간에서 음악과 칵테일을 즐길 수 있다. 주중에는 오후 6시부터 10시 사이를 '블루 아워'로 정해 감미로운 음악이 흘러나온다. 클럽 분위기를 느끼고 싶다면 목~토요일 밤 11시부터 새벽 2시 사이 '레드 아워'에 찾아갈 것. 강렬한 비트가 온몸을 울리는 경험을 할 수 있을 것이다.

01 테이블 위를 장식하고 있는 것은 여느 레스토랑에서나 흔히 볼 수 있는 꽃이 아니다.
02 03 04 다양한 야채를 곁들인 양고기부터 전통 프렌치 디저인 수플레에 이르기까지 요리를 예술의 경지로까지 끌어올린 셰프의 테이블

01

02

03

04

예산: €220~380
주소: Hôtel Plaza Athénée 25 avenue Montaigne
　　　75008 Paris
교통편: M9 Alma Marceau에서 도보 5분
연락처: 01 53 67 65 00
영업시간: 저녁식사 월~금 19:30~22:15,
　　　　　점심식사 목·금 12:45~14:15
www.alain-ducasse.com

샹젤리제에서 만나는
아시안 푸드

미스고
Miss Kō

20세기 최고의 스타 디자이너, 필립 스탁이 최근에 디자인한 '미스고'는 파리에 불고 있는 아시아 문화에 대한 관심을 실감할 수 있는 장소다. 미스고가 위치한 곳은 교통이 편리하고, 루이 뷔통 플래그십 스토어와 이웃하고 있다는 장점이 있긴 하지만, 지나치게 높은 월세에 못 이겨 수많은 레스토랑들이 들어왔다 떠나길 반복한 무덤 같은 자리로 유명했다. 다행히 이웃한 과일 칵테일 전문 카페이자 바인 '파라디 뒤 프뤼Le Paradis du Fruit'를 성공시킨 오너가 새 주인이 되면서 미스고는 굳건히 제자리를 지키고 있다.

퓨전 바 겸 레스토랑인 미스고는 '아시아 문화'가 콘셉트인 만큼, 스크린에서 한국과 일본, 중국 등지의 주요 뉴스 채널부터 예능 프로그램을 무작위로 틀어준다. 종종 〈무한도전〉이 나올 때도 있고, 홈페이지에 가면 낯익은 한국 연예인들의 얼굴이 가끔 스쳐간다. 칵테일을 만드는 다양한 주류 옆으로는 새우깡, 비락식혜부터 일본의 유명 청주에 이르기까지 재미있는 소품들이 '아시안 무드'를 연출한다. 필립 스탁이 이전에 디자인했던 '콩Kong'에선 일본 스타일이 진하게 느껴졌지만, 미스고에선 서양인이 바라보는 아시아 문화란 이런 것일까 도리어 호기심이 생길 정도로 다양한 아시아 지역의 스타일이 섞여 있다. 그 밖에도 장 필립 부르동Jean-Philippe Bourdon이 디자인한 『알라

093

딘과 요술 램프』에 등장할 것만 같은 조명, 핀란드의 아티스트 오르스텐 카르키[Orsten Karki]와 인기 DJ들이 선곡한 음악 등은 무더운 여름 귓가를 시원하게 적시는 끈적거림과 매혹적인 요소가 있다.

음식은 퓨전 스타일이 기본으로, 홍콩 출신 셰프의 인터내셔널한 메뉴를 맛볼 수 있다. 바닷가재와 아보카도, 망고가 들어간 춘권은 의외의 맛을 선사하고, 커리 소스와 아귀를 주재료로 한 부야베스, 푸아 그라로 만든 교자, 비빔밥 버거 등 미스고에서만 만날 수 있는 독특한 요리들이 있다. 식사 시간 외에도 문을 열기 때문에 간단하게 칵테일이나 데킬라 한 잔을 시켜놓고 쉬어도 좋다. 주말에 식사를 하려면 반드시 예약을 해야 하며, 저녁식사 시간에 지나치게 편한 옷차림으로 가면 입장을 거부당할 수도 있으니 주의해야 한다.

01 한국어로 된 간판이 친근하게 다가온다.
02 점심시간이 지나면 한적하게 음료를 즐길 수 있는 바로 변신한다.
03 우리나라 식료품은 멋진 데커레이션 소품으로 쓰인다.
04 귀엽기도 하면서 왠지 엽기적인 일러스트
05 햇살이 내리쬐는 바는 섹시한 조명이 비춰지는 레스토랑과 낮에도 대비를 이룬다.

Tip 미 스 고 의   인 기   메 뉴

불고기, 야채, 달걀을 넣은 한국 스타일의 비빔밥 버거 'Bimbimbap burger & Ko'와 치킨과 오이, 당근, 허브, 스프링롤 등과 차가운 국수를 함께 먹는 베트남 스타일의 'Bo Bun chic'이 이 식당의 인기 메뉴다.

01

02

04

03

05

예산: 칵테일 €9~13, 식사 €11~29

주소: 49/51 avenue George V 75008 Paris

교통편: M1 George V에서 도보 2분

연락처: 01 53 67 84 60

영업시간: 12:00~02:00

www.miss-ko.com

마르탱 마르지엘라가 지은
비밀스런 집

라 메종 샹젤리제
La Maison Champs–Élysées

어떤 인터뷰에도 응하지 않고, 자신의 쇼 피날레에도 등장하지 않는 비밀스러운 디자이너 마르탱 마르지엘라^{Martin Margiela}가 디자인한 호텔이다. 명품 브랜드 숍이 즐비한 몽테뉴 거리와 샹젤리제 사이에 위치한 '라 메종 샹젤리제' 호텔은 늘 파격적 변형을 선보였던 마르지엘라 특유의 냉소적이면서 유머러스한 개성이 가득하다.

문을 열고 들어서면 순식간에 바깥세상과 단절된 느낌이 든다. 낮에만 여는 흰색의 주간 바, 검은색으로 둘러싸인 시가 바, 그리고 중앙에 있는 프런트 데스크가 지극히 정돈된 모습으로 사람들을 맞이한다. 낮 시간에 손님을 맞는 바는 마르지엘라 매장의 시그니처라 할 수 있는 화이트 일색이다. 벽과 가구를 비롯해 작은 소품에 이르기까지 모두 흰색인 공간에 플라멩고와 앵무새 박제만이 색을 발할 뿐이다. 시가 냄새를 진하게 풍기는 시가 바는 고혹적이며 장중한 분위기를 자아낸다. 프런트를 지나 레스토랑으로 향하는 통로에는 마네킹이 손님을 맞이하는 것처럼 도열해 있고, 레스토랑 안으로 들어서면 탁 트인 공간과 유리창 너머로 초록의 자연이 펼쳐진다. 가구 모양의 벽지로 장식해 그로테스크한 인상을 풍기는 레스토랑도 역시 흰색 일색이다.

라 메종 샹젤리제의 진수는 역시 객실에 있다. 57개의 룸 중에서 마르탱 마르지엘라의 손길을 거친 룸은 17개인데, 인기가 많아 늘 예약이 꽉 차 있다. 미니멀과 파격을 동시에 구사하는 그만의 감성을 느낄 수 있다니, 패션을 사랑하는 사람들에겐 꿈의 공간으로 다가설 법하다. 여섯 가지 타입으로 된 객실 내부는 인터넷 사이트를 통해 선택할 수 있는데, 그 중 온통 검은색으로 꾸며진 '큐리오시티 케이스 스위트Curiosity Case Suite'에 눈길이 간다. 카본 큐브를 떠올리게 하는 이 방은 벽의 한 면 전체를 진열장으로 꾸며 그 안에 마르지엘라의 영혼을 느낄 수 있는 오브제로 가득 채워놓았다. 방의 이름처럼 호기심을 자극하는 매력에 유명 스타들이 자주 묵는다고 있다.

하루에 50만 원을 훌쩍 넘는 스위트룸이 부담스럽다면, 30만 원대의 '디럭스 쿠튀르Deluxe Couture' 룸을 선택하는 것도 괜찮다. 여섯 개밖에 없어서 예약 경쟁이 치열하긴 하지만, 메탈과 검은색 가구, 하얀 천으로 뒤덮인 깔끔함이 인상적이다.

Tip 라 메 종 호 텔 레 스 토 랑

라 메종 호텔의 레스토랑은 3주에 한 번씩 메뉴를 바꾼다. 가격대는 전식과 본식을 포함한 가격이 38유로로, 후식을 더하면 45유로 정도다. 싱싱한 아스파라거스와 채소, 탱탱하고 쫄깃한 대구 요리, 고소함이 일품인 프랑스식 쇠고기 육회인 타르타르, 마지막으로 딸기를 곁들인 밀푀유 등은 하나같이 위에 부담을 주지 않아 가볍게 먹을 수 있다.

01

02

03

04

05

06

07

03 컨템포러리한 가구들이 스위트룸의 품격을 높여준다.
04 비밀의 통로를 거니는 듯한 느낌의 복도
05 언론에 얼굴을 비추지 않는 신비스런 마르지엘라의 스타
일은 1층 레스토랑 입구에서도 느낄 수 있다.
06 화이트 컬러로 마감된 가구가 마르탱 마르지엘라의 작품
임을 보여주는 바
07 프렌치 테이블의 마지막은 시거 바이다.

예산: 1~2인 €204~ 아침식사 포함시 €260~
주소: 8 rue Jean Goujon 75008 Paris
교통편: M1·9 Franklin D. Roosevelt에서 도보 4분
연락처: 01 40 74 64 65
www.lamaisonchampselysees.com

Saint-
ain-des-
Pre
rnasse

사랑스러운
살롱 드 테

마미 갸토
Mamie Gâteaux

파리에서 가장 사랑스런 살롱 드 테로 손꼽히는 '마미 갸토'는 차 한잔과 함께 오후의 한가로움을 만끽하기에 좋은 곳이다. 1789년에 지어진 오래된 건물에 들어서 있는 마미 갸토는 소박하고 따스한 분위기를 풍긴다. 가게에 들어서면 족히 50년은 되어 보이는 화덕, 프랑스 사람들이 시리얼이나 커피를 담아 먹는 각양각색의 그릇들, 똑딱이는 초침 소리가 정겨운 낡은 시계, 벼룩시장에서 본 듯한 의자나 옷걸이 등, 해묵은 세월의 흔적이 느껴지는 가구와 집기들이 단정한 모습으로 자리를 지키고 있다.

주철로 된 화덕에서 끓인 수프는 쌀쌀한 날씨에 따뜻한 국물이 흔치 않은 파리에서 존재만으로도 고마운 음식이고, 싱싱한 채소 샐러드와 달콤한 타르트로 구성된 점심 메뉴는 맛도 좋고 푸짐하다. 메뉴의 콘셉트가 '할머니들이 오랫동안 간직해온 레시피들로 만든 음식'이라 세련된 느낌은 덜하지만 건강하고 단순한 맛이 사랑스럽다. 주방에서 분주히 음식을 만드는 스태프 중엔 일본인이 꽤 많은데, 이는 오너의 부인이 일본 사람이기 때문이다. 파리에 요리 공부를 하러 온 고국의 후배들에게 일자리를 제공하는 것으로 도움을 주고 있다고 한다.

샐러드와 타르트로 가볍게 식사를 해결할 수 있어 점심시간에 마미 갸토에 가면 늘 사람들이 길게 줄을 서 있다. 지척에 있는 백화점 '봉 마르셰Bon Marché'에서 쇼핑을 한 다음, 코스처럼 이곳에 들르는 중년의 파리지앵들도 흔히 볼 수 있다. 화려하고 멋진 레스토랑과 고급 식료품점, 유명 파티셰가 운영하는 베이커리를 잠시 뒤로하고 싶을 때, 가벼운 마음으로 들러 친구와 수다를 떨고 싶을 때, 마미 갸토만 한 곳도 없다.

01 마미 갸토를 운영하는 멋쟁이 주인
02 골동품점에서나 있을 법한 예쁜 오브제들은 자체로 데커레이션이 된다.
03 일본인 파티셰의 세심한 손길로 만들어지는 타르트
04 찬 수프인 가스파초와 야채를 곁들인 파이
05 산딸기 크럼블 디저트
06 마미 갸토에서 만든 수제잼이나 크림 등은 선물로도 살 수 있다.

Tip 파 리 지 앵 들 만 아 는 비 밀 팁

마미 갸토의 주인은 바로 옆에 골동품 가게 '브로캉트 Brocante(고물상이라는 뜻)'도 함께 운영하고 있는데, 어린 시절 기억 속 '학교와 주방'이라는 테마로 모아온 여러 소품과 가구, 책 등이 가득하다. 오래전 학교에서 사용했을 법한 주판, 낡은 칠판, 식물의 구조를 설명해주는 포스터 등을 보면 아련한 추억을 더듬게 된다. 동물 모양의 빵틀, 예스런 식기들이 모여 있는 주방 코너까지 돌아보면 단순한 가게라기보다 한 시절을 간직한 작은 박물관 같다.

01

03

04

05

06

02

예산: 샐러드와 디저트 €15~30

주소: 66 rue du Cherche-Midi 75006 Paris

교통편: M10·12 Sèvres-Babylone에서 도보 5분

연락처: 01 42 22 32 15

영업시간: 화~토 11:30~18:00

www.mamie-gateaux.com

카페의
시작과 끝

레 뒤 마고
Les Deux Magots

독일에 호프가 있고 영국에 펍이 있다면, 파리에는 카페가 있다. 역사적으로 프랑스의 카페는 예술가와 철학자의 주 무대였다. 문화·예술·사상이 태어나고 자라는 장이었으며, 그런 카페에서 예술가들은 끊임없이 대화를 나누었다. 작업과 고독에 지친 예술가들의 영혼은 카페에서 에스프레소 한잔으로 구원받기도 했다.

프랑스 역사는 물론 세계사에 한 획을 그은 위인치고 카페를 드나들지 않았던 사람은 드물 것이다. 디드로와 볼테르, 사르트르와 보부아르, 피카소와 브라크, 르누아르와 로트레크, 그리고 헤밍웨이의 놀라운 업적 뒤에는 매일 제집 드나들 듯 다녔던 카페가 있었다. 가령 1682년 카페 '르 프로코프Le Procope'는 근처에 있던 코메디 프랑세즈의 배우들과 예술가들, 계몽사상가들의 회합이 열렸던 장소로 잘 알려져 있다.

생제르맹데프레 거리의 '레 뒤 마고'도 그 전설의 한 축을 담당하고 있다. 이 카페는 1812년 부치Buci 거리 23번지와 센 거리 사이의 모퉁이에서 처음 문을 열었다가, 1873년 생 제르맹 광장 근처로 옮겼다. 이사를 하면서 중국 포목점 자리에 있던 두 개의Deux 중국 도자기 인형Magot에서 가게 이름을 착안, 지금의 이름이 붙여졌다. 1885년경부터 주변에 새로운 가게들이 주위에 하나둘 생기면서 랭보, 베를렌 등 작가들의 약속 장소로 애용되기 시작했는데 편안한 카페 분위기에 이끌려 도데, 사르트르, 보부아르, 프레베르, 카뮈, 브르통, 레제 등 예술가들이 단골로 드나들며 파리 문학 카페의 대명사가 되었다. 근처에 또 다른 문학 카페, '카페 드 플로르Café de Flore'나 '브라스리 리프Brasserie Lipp'가 생기면서 이 세 카페는 예술가는 물론이고 정치가들의 사랑을 받는 '삼총사' 같은 곳이 됐다.

레 뒤 마고의 존재를 세상에 널리 알린 것은 바로 사르트르와 보부아르다. 두 사람은 연인 관계로 발전하면서 레 뒤 마고에 꾸준히 드나들었고, 이곳에서 서로의 문학과 사상, 그리고 사랑을 확인했다. 지금도 두 사람이 앉던 자리를 찾아와 기념촬영을 하는 사람들이 많으며, 이들을 기리는 뜻으로 카페 앞 광장에 두 사람의 이름을 붙이기도 했다.

레 뒤 마고는 신진 작가들을 지원하는 활동도 하고 있다. 1933년부터 '마고 상Le prix des Deux Magots'을 제정해 신인 작가들을 발굴하는 데 한 역할을 담당한다.

세월이 흘러도 변치 않는 레 뒤 마고에 가면 검은색 정장에 하얀색 앞치마를 두른 웨이터들의 환대를 받을 수 있다. 관광객들이 몰리면서 '친절은 옛말'이라는 소문도 있지만, 사방에서 손님들에게 "예, 곧 갑니다"라고 외치는 웨이터들의 힘찬 목소리와 분주한 발걸음 사이

01 정장 차림의 멋진 웨이터가 주문을 받는다.
02 프랑스의 유명 문인이나 예술가들이 책 읽거나 글쓰기에 몰두하는 모습을 심심치 않게 볼 수 있다.
03 카페 이름이 된 두 개의 도자기 인형은 실제 카페 안에 존재한다.
04 추운 겨울, 에너지를 보충할 수 있는 따뜻한 쇼콜라 쇼
05 문학 카페답게 매년 유망 작가를 지원하고 출판을 후원한다.
06 알록달록한 타일과 오래된 의자가 세월이 흘러도 변치않는 카페의 가치를 더해준다.

01

04

02

05

03

06

Histoire de Paris
Les Deux Magots

Ouvert en 1813, «Les Deux Magots» a connu très tôt les faveurs du monde littéraire : à l'origine magasin de nouveautés, l'un des premiers à Paris, il est cité par Balzac et Anatole France. Un café lui succède en 1881, bientôt fréquenté par Verlaine, Mallarmé et Wilde. En 1914, l'établissement prend l'aspect qu'on lui connaît aujourd'hui, et devient l'un des rendez-vous de l'élite intellectuelle. Les surréalistes en font leur quartier général ; Jean Giraudoux, Paul Morand et Jacques Chardonne s'y croisent, ainsi que Joyce et Hemingway. En 1933, quelques habitués, dont Bataille, Leiris et Philippon, fondent le Prix des Deux Magots, pour la première fois décerné à Raymond Queneau. Les intellectuels d'avant guerre, parmi lesquels Malraux, Gide et Mauriac, surnomment Les Deux Magots «l'antichambre». Après la guerre, les plus grands noms des Lettres, des Arts et du Spectacle fréquentent ses célèbres terrasses ; Camus, Genet, Giacometti sont présents, Jean-Paul Sartre et Simone de Beauvoir s'y installent chaque jour pour écrire.

07 유명 장소 앞에 서는 현판. 단순히 카페가 아니라 역사적인 가치를 가진 장소임을 보여준다.

에서, 켜켜이 쌓인 역사의 흔적이 배어 있는 낡은 테이블, 전통을 지켜온 실내의 집기들을 마주하면 시간이 멈춘 공간에 들어선 듯하다.

풍부한 맛과 깊은 향을 자랑하는 '쇼콜라 쇼Chocolat chaud'와 진한 에스프레소 한 잔은 누구나 행복하게 해준다. 다만 쟁반에 케이크를 담고 테이블 사이를 오가는 세일러복 차림의 여종업원을 조심할 것. 간혹 시식용인 줄 알고 잘못 집어든 여행객이 제법 비싼 대가를 치르는 것을 종종 본 적이 있다.

그보다 좀더 아쉬운 것은, 레 뒤 마고를 찾는 유명인사들의 이름이 더이상 업데이트되고 있지 않다는 점이다. 남은 것은 역사적 순간의 흔적, 지난 시절 위인들의 발자취뿐이라는 점이 다소 안타깝기는 하지만, 사람들은 여전히 이곳을 찾는다. 그것만으로도 충분하다는 의미이리라.

 레 뒤 마고 추천 메뉴

쇼콜라 쇼(Chocolat des deux magots à l'ancienne) €7.30
크로크 무슈(Croque Monsieur): 햄, 치즈, 샐러드가 들어간 토스트 €12.50
키슈 로랭(Quiche Lorraine): 햄, 시금치, 달걀 등이 들어간 타르트 €13.50

예산: 음료 €4(에스프레소)~18(샴페인)
주소: 6 place Saint-Germain-des-près 75006 Paris
교통편: M4 Saint Germain-des-prés에서 도보 1분
연락처: 01 45 48 55 25
영업시간: 07:30~01:00
www.lesdeuxmagots.fr

카페 제르맹

Café Germain

.

'카페 제르맹'은 파리 지식인들의 아지트이며, 레 뒤 마고, 브라스리 리프 등이 터줏대감처럼 자리를 지키고 있는 라탱Latin 지구에 있지만, 분위기는 사뭇 다르다. 프랑스 인테리어 디자인계의 스타 인디아 마다비India Mahdavi가 디자인한 카페 제르맹의 공간은 『이상한 나라의 앨리스』가 연상될 정도로 동화 속 세상 같기도 하고, 전위적인가 하면 팝과 레트로 스타일도 엿보이는 등 한마디로 정의할 수 없다.

테라스에 있는 미니멀한 테이블과 빈티지 스타일의 간판부터 눈길이 간다. 작은 타원형 테이블은 커피잔 한두 개를 겨우 놓을 수 있는 크기지만 심플함이 돋보인다. 화이트와 블랙으로 된 타일 위에 편안한 의자가 놓여 있고, 프랑스의 대표적인 현대미술 작가 자비에 베이앙Xavier Veilhan의 그로테스크한 노란색 플라스틱 인형은 1층에서는 하체만 보인다. 상체와 얼굴을 보려면 2층의 프라이빗 바로 올라가야 한다.

탁 트인 1층과 달리 2층은 편안한 소파와 쿠션으로 가득하다. 주로 젊은 사람들의 소규모 파티 장소로 활용된다고. 지하로 내려가면 '시네마 파라디소Ginema Paradiso'라는 이름의 비밀스런 극장이 나타난다. 기업의 프리젠테이션 행사가 열리기도 하고, 영화를 사랑하는 사람들이 모여 오붓하게 시간을 보내기도 한다. 영화 제작·배급사인 MK2에서 영화 작품을 공급받아 오래된 작품부터 최신 작품까지 고루 볼 수 있다.

음식은 정통 프렌치보다는 퓨전과 인터내셔널 푸드 위주로 캐주얼하게 구성돼 있다. 빵은 전통의 효모빵으로 명성이 자자한 푸알란Poilane 베이커리에서 공수해 오지만, 그 밖의 메뉴는 피쉬 앤 칩스, 미니 치즈 케이크, 샐러드, 생 제르맹 버거, 그리고 햄과 치즈, 트뤼플 버섯으로 만든 가정식으로 누구나 가볍게 즐길 수 있다. '월드 푸드'를 표방하되 프렌치 스타일을 적절히 가미해 음식을 만드는데, 특히 정성 들여 만든 소스가 일품이다. 클럽 샌드위치나 버거는 15~20유로 사이, 전식이나 후식 또는 음료를 추가하려면 1인당 예산을 30~50유로로 잡는 것이 적당하다.

호텔 코스테Hotel Costes의 컴필레이션 앨범의 음악이 흐르는 카페 제르맹에는 한층 세련된 분위기가 있다. 다양한 장르의 명곡을 DJ 스테판 폼푸냑의 스타일로 풀어낸 음악은 사람들이 좀처럼 자리를 뜨지 못하게 하는 매력이 있다. 배우, 프로듀서, 출판업자 등을 포함한 전문직 종사자들이 단골로 드나드는데, 레이디 가가 같은 월드 스타급 인물들도 종종 찾는다고 하니 좋아하는 스타를 만나는 행운이 찾아올 수도 있겠다.

01 카페 안쪽에 마련된 푹신한 의자
02 심플하고 활기찬 인테리어로 젊은이들의 사랑을 받고 있다.
03 가구에서 거울에 이르기까지 컨템포러리한 요소들로 가득하다.

01

03

02

예산: 전식 €12~19, 본식 €19~26

주소: 25 rue de Buci 75006 Paris

연락처: 01 43 26 02 93

교통편: M10 Mabillon / M4 Saint-Germain-
des-près에서 도보 5분

영업시간: 08:00~24:00

www.beaumary.com/germain/accueil

콜로로바 파티스리

Colorova Pâtisserie

프랑스 상공회의소에서 운영하는 에콜 페랑디Ecloe Ferrandi는 요리, 가죽공예, 호텔 분야의 전문가를 키워내는 학교로 명성이 높다. 에콜 페랑디 정문 앞에 있는 '콜로로바 파티스리'는 이 학교의 직원으로 일했던 샤를로트 실Charlotte Siles과 파티셰 과정을 졸업한 기욤 길Guillaume Gil커플이 운영하는 곳이다. 최근에 새로 생긴 살롱 드 테 중 가장 주목받는 곳 중 하나로, 파리지앵들 사이에선 이미 멋진 곳이라고 소문이 자자하다.

에스닉과 로큰롤 스타일을 결합한 독특한 인테리어가 눈길을 끄는데, 어린 시절 부모님을 따라 전세계를 여행했다는 기욤과 샤를로트의 안목이 반영된 결과다. 세련된 그래픽으로 한쪽 벽면에 포인트를 준 벽지, 멀티컬러 패턴이 돋보이는 튀니지의 록 더 카바시Rock the Kabash의 의자, 태국에서 생산된 나무로 만든 가구, 동심을 표현한 센스 넘치는 그림, 60년대 빈티지 책상, 파스텔 톤의 스메그 냉장고, 프랑스 유명 디자이너 '체Tsé'의 램프는 공간에 액센트를 준다.

주인인 기욤은 30대 초반의 젊은 나이지만, 플라자 아테네 호텔의 파티셰장이었던 크리스토프 미셸락Christophe Michalak에게 사사하고, 메종 블랑슈의 프레르 푸르셀Frères Pourcel에게서 경력을 쌓은 실력자다. 오픈 키친이라 그가 타르트며 파이 등을 만드는 모습을 지켜볼 수 있

119

고, 갈 때마다 등장하는 새로운 타르트는 늘 기대감을 높인다. 스페큘러스와 땅콩, 캐러멜이 들어간 타르트, 시금치나 라타투이가 들어간 오가닉 타르트, 딸기나 산딸기를 비롯해 신선한 과일로 만든 파이 및 여러 종류의 유기농차를 갖추고 있어서 식사 외에도 티타임을 갖기에 좋다. 유기농 재료로 만든 샐러드와 샌드위치는 점심식사로도 충분하다.

주말에는 브런치를 추천한다. 콜로로바의 브런치는 워낙 유명해서 자리가 없을 때가 많으니 예약은 필수. 주말 브런치는 오전 11시부터 오후 4시 사이에 서비스되며, 코코넛과 샨티 크림이 함께 나오는 각종 잼, 신선한 버터로 만든 크루아상과 팽 오 쇼콜라, 삶은 달걀, 시금치 타르트, 유기농차가 함께 서비스된다. 주말의 여유를 느끼고 싶을 때 가기 좋은 곳이다.

01 사람 냄새가 폴폴 나는 나무 진열장과 선반들
02 기욤은 뛰어난 발상과 아이디어로 디저트 카페의 미래를 열어가는 주인공이다.
03 단골 손님이 그린 그림을 전시하는 갤러리의 역할도 겸한다.
04 야채가 듬뿍 들어간 타르트는 간식 대용으로 인기 있다.
05 에스닉한 오브제와 가구는 프랑스가 아닌 다른 나라에 온 것 같은 착각이 들게한다.

01

02

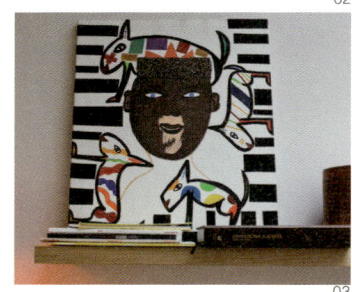

03

04

Tip 콜 로 로 바 의   추 천   메 뉴

브런치는 매주 새로운 메뉴를 선보이는데 크루아상과 바게트, 잼, 요쿠르트, 커피, 오렌지주스 등을 28유로에 즐길 수 있는 베이직 메뉴와, 거기에 과일 칵테일과 케이크, 브리오슈 등이 추가된 35유로 가격의 메뉴가 있다. 주말에 즐길 수 있는 브런치는 인기가 많으므로 미리 예약을 하는 것이 좋다.

예산: €16~35
주소: 47 rue de l'Abbé Grégoire 75006 Paris
교통편: M9 Alma Marceau에서 도보 3분
연락처: 01 45 44 67 56
영업시간: 화 10:00~18:00, 수~일 09:00~18:00

피에르 에르메

Pierre Hermé

'마카롱계의 피카소'로 불리는 파티셰 피에르 에르메가 운영하는 파티스리 '피에르 에르메'는 달콤한 음식을 사랑하는 이들에겐 마치 성지 같은 곳이다. 파리에만 9개, 도쿄에 6개의 매장이 있고, 아랍에미리트, 홍콩 등 전세계에서 러브콜을 받을 정도로 이곳의 마카롱은 핫하다. 마카롱 하면 으레 떠올렸던 첫번째 이름 '라 뒤레La Durée'의 아성을 위협할 정도니 말이다. 지금의 입지를 다지기까지, 에르메는 아몬드 가루와 밀가루, 달걀흰자와 설탕으로 만드는 지름 5센티미터의 과자에 상상을 초월하는 노력과 정성을 쏟았다.

지난 2008년, 에르메는 밀려드는 손님들을 감당하기 위해 알자스 비텐하임에 초콜릿과 마카롱 공장을 세우며 '마카롱계의 황제' 라 뒤레의 명성에 정면으로 도전했다. 거대기업에 인수된 라 뒤레의 명성과 자본에 맞서 그는 '피에르 에르메'만의 마카롱을 개발하는 것에 인생 전부를 걸었다.

그 결과 10년에 걸친 연구를 통해 '이스파한 Ispahan'과 같은 훌륭한 마카롱을 만들어낸 그는, 여전히 1년에 100여 개의 레시피를 만들 정도로 에너지가 넘친다. 그 누구도 모방할 수 없는 실력에 대한 자신감으로 마카롱 레시피 책을 내기도 했다. 예상과 전혀 다른 맛을 내는 위트, 중국 레스토랑에서 먹었던 과일 '리치'의 맛을 기억해 레시피에 적용하는 등 남다

123

른 발상으로 만들어낸 에르메의 마카롱은 예술작품에 가깝다는 평을 듣는다. 마카롱이나 초콜릿을 만들 때 불필요한 장식을 없애는 대신 독특한 뉘앙스의 맛을 개발한 것도 그만의 성공 비결이다.

그렇다면 한 개에 800만 원에 달하는 마카롱을 만든 파티셰가 내놓는 마카롱의 맛은 과연 어떨까? 크렘 브륄레와 캐러멜이 들어간 마카롱은 캐러멜의 달콤함이 지나가면 곧 바닐라의 부드러운 느낌이 입안을 채우고, 밤과 말차 마카롱은 일본 말차의 깔끔함에 달콤한 밤이 오묘하게 섞여 두 맛이 동시에 혀를 스치고 지나간다. 달콤한 초콜릿과 카시스 열매의 새콤한 맛을 조합한 마카롱, 바나나와 생강을 섞은 마카롱 등은 언밸런스할 것 같지만 전혀 예상하지 못한 균형 잡힌 맛으로 미각을 자극한다. 마카롱 외에도 벨기에 스타일의 와플과 초콜릿도 정말 맛이 훌륭하니 놓치지 말 것.

01 달콤한 유혹을 뿌리칠 수 없는 마카롱
02 디저트를 사랑하는 마니아들의 성지와도 같다.
03 로즈 크림, 라즈베리, 리치를 조합한 이스파한
04 파리에서 여행을 마치는 사람이라면 선물로 사가도 좋을 패키지
05 달콤한 초콜릿의 맛은 그리 달지 않아서 인기 있다.
06 디저트계의 피카소로 불리는 피에르 에르메의 책들
07 겹겹이 쌓인 초콜릿은 달콤함의 농도가 짙다.

01

02

03

04

05

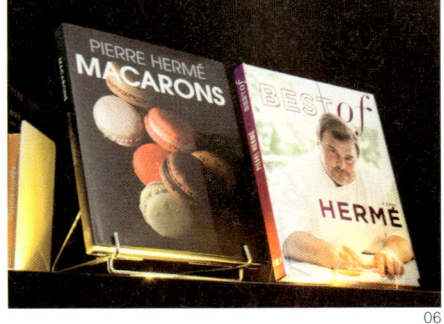

06

07

주소: 72 rue Bonaparte 75006 Paris

교통편: M4 Saint Sulpice에서 도보 2분

연락처: 01 43 54 47 77

영업시간: 월~수 10:00~19:00, 목~금 10:00~19:30,
　　　　　　토 10:00~20:00 일 10:00~19:00

www.pierreherme.com

라 프티트 셰즈
La Petite Chaise

화려한 옛 저택들이 많고, 우리나라를 비롯해 여러 나라의 대사관저와 프랑스의 공무기관들이 모여 있는 그르넬Grenelle 거리. 이곳에 위치한 '라 프티트 셰즈'('작은 의자'라는 뜻)는 파리에 현존하는 가장 오래된 레스토랑이란 타이틀을 갖고 있다. 한동안은 파리 최초의 커피 하우스로 유명한 '르 프로코프Le Procope'가 파리에서 가장 오래된 레스토랑으로 알려져 있었지만, 고문서의 기록을 토대로 전문가의 고증을 끌어낸 주인의 노력으로 결국 1680년에 문을 연 라 프티트 셰즈가 파리에 가장 처음 생긴 레스토랑으로 인정받게 됐다.

안으로 들어가면 우선 간단한 아페리티프(식전주)를 마실 수 있는 바가 보이고, 왼편으로 테이블이 몇 개 놓인 작은 공간이 있다. 낡은 계단을 통해 2층으로 올라가면 두 개로 나뉜 넓은 공간이 나타난다. 오래된 초상화를 비롯해 기나긴 시간의 흔적을 느낄 수 있는 공간은 말끔하게 꾸며놓은 고급 레스토랑에선 느낄 수 없는 투박한 매력으로 가득하다.

달팽이 요리, 양파 수프, 푸아 그라 등 비스트로에 가면 흔히 맛볼 수 있는 프랑스 가정식도 좋지만, 전통 프렌치를 제대로 맛보고 싶다면 카망베르 크림이 들어간 '달걀 반숙 요리 Oeufs pochés à la crème'를 전식으로 주문해볼 것을 권한다. 본식으로는 계절마다 차이가 있지만 바삭하게 구워 특유의 냄새를 거의 느낄 수 없는 양고기 가슴살 요리나 레드 와인와 후추로 조리해 육질이 연한 쇠고기 안심 요리가 한국인의 입맛에 꽤 잘 맞는다. 전식과 본식 모두 푸짐한 편이라 디저트를 먹어야 할지 고민이 되겠지만, 프렌치 정찬의 하이라이트는 디저트라 할 수 있으니 상큼한 과일 소르베와 커피 한 잔으로 식사를 마무리하는 것이 좋겠다. 음료를 제외한 풀코스(전식, 본식, 후식)가 33유로 선이며, 근처에 봉 마르셰 백화점, YSL, 마르탱 마르지엘라, 소니아 바이 소니아 리키엘, 토즈, 크리스티앙 루부탱, 에르메스 리브 고슈 같은 브랜드 숍들이 있어 쇼핑을 하기에도 무척 편하다.

01 친절한 종업원이 손님을 맞는 레스토랑 입구
02 세월의 흔적이 켜켜이 쌓여 있는 그림
03 2층 살롱은 가족모임을 하는 사람들에게 인기 있다.
04 바삭한 바게트와 함께 즐기는 푸아 그라
05 양고기 갈빗살은 처음 접하는 사람도 거부감 없이 먹을 수 있다.
06 달콤하지만 너무 달지 않은 초콜릿 케이크
07 오랫동안 끓여낸 양파의 깊은 맛과 듬뿍 들어간 치즈 맛이 일품인 양파 수프

Tip 조금 저렴한 시간

월요일부터 금요일 점심에는 22.70유로에 본식과 와인 한 잔, 커피 한 잔을 즐길 수 있다. 또한 28.80유로에는 전식 또는 디저트 중 하나와 본식, 와인 한 잔, 그리고 커피 한 잔을 즐길 수 있다.

01

04

02

05

03

06

07

예산: 점심 전식+본식 또는 본식+후식 €22.70 점심 또는 저녁 전식+본식+후식 €36

주소: 36 rue de Grenelle 75007 Paris

교통편: M10·12 Sèvres-Babylone에서 도보 4분

연락처: 01 42 22 13 35

영업시간: 12:00~14:00, 19:00~23:00 | www.alapetitechaise.fr

몽파르나스의 오래된
카페에서 만난 '바다의 선물'

르 돔
Le Dôme

20세기 초 몽마르트르는 가난한 예술가들이 모여들면서 예술가의 동네로 명성을 얻었지만, 이젠 그것도 옛말이다. 예술과 낭만보다는 술과 향락만을 위한 장소로 변해간 이곳을 뒤로하고 예술가들은 몽파르나스 지역으로 떠난 지 오래다. 사람들이 모이는 장소엔 카페가 생기게 마련이다. 몽파르나스에서 가장 오래된 카페 중 하나인 '르 돔'은 외로운 예술가들을 보듬어주는 곳이었다.

1920년대 화가와 작가들이 자주 찾았던 르 돔은 지난날의 이야기를 고스란히 품고 있다. 빼곡히 걸려 있는 흑백사진들, 벨벳 소파와 노란색 전등, 바깥세상의 빛을 흡수하는 꽃무늬 스테인드글라스로 장식된 홀에 앉아 있으면 마음이 차분히 가라앉는다. 영화감독 뤽 베송은 친구들과 함께 르 돔을 찾곤 했고, 작가 헨리 밀러는 『북회귀선』에서 르 돔을 이야기했으며, 헤밍웨이는 이곳을 유쾌하고 행복이 느껴지는 사람들이 가득한 곳이라 얘기했다. 작가들과 정치인들이 카페 문턱이 닳도록 드나들면서 르 돔은 오래도록 회자됐다. 김연아 선수가 2009년 파리에서 에릭 봉파르 대회를 마치고 식사를 즐긴 곳도 르 돔이다.

르 돔은 해산물 요리가 유명한데, 하얀 리넨으로 덮인 테이블에 앉아 파리 최고의 맛을 자랑하는 신선한 석화를 맛보면 세상에 부러울 것이 없다. 일종의 해산물 스튜라고 할 수 있는 부야베스는 본고장인 마르세유보다 맛도 훌륭하고 푸짐하다는 평을 듣는다. 프랑스 사람들이 사랑하는 '프뤼 드 메르Fruits de Mer'라는 해산물 모둠요리는 삶은 게, 바닷가재, 소라 및 싱싱한 굴과 조개 등이 얼음을 깐 큰 쟁반에 담겨 나오는데, 시각적으로 황홀할 뿐만 아니라 신선하기 그지없다. 디저트로는 1,000겹의 층이 있다는 커스터드 크림의 달콤한 밀푀유가 훌륭하다.

시간이 부족하거나 해산물 요리가 취향에 맞지 않는다면 레스토랑 초입에 있는 카페에 들러 커피 한 잔을 마시는 것만으로도 르 돔의 분위기를 느껴볼 수 있다.

01 화이트 와인과 함께 즐길 수 있는 갑각류 요리
02 르 돔의 주방을 책임지는 베테랑 셰프
03 홍합과 생선이 어우러진 요리
04 르 돔의 간판 요리는 역시 프렌치식 해산물 스튜 부야베스
05 신선한 굴의 향연은 파리에서 최고라는 평가를 받기에 충분하다.
06 담백한 맛의 쫄깃한 소라와 생선

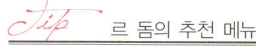 르 돔의 추천 메뉴

전식으로는 지중해 스타일의 소스가 들어간 새우Poêlée de gambas, parfum de Méditerranée, 본식으로는 마르세유 스타일의 해산물 스튜, 부야베스Bouillabaise Marseillaise를 추천한다.

01

03

04

05

06

02

예산: €30~60

주소: 108 boulevard du Montparnasse 75014 Paris

교통편: M4 Vavin에서 도보 1분

연락처: 01 43 35 25 81

영업시간: 12:00~15:00, 19:00~23:00

테렌스 콘랜이 디자인한
현대적 브라스리

랄카자
L'Alcazar

우리나라와 마찬가지로 프랑스에서도 〈톱 셰프Top chef〉 같은 요리경연 프로그램이 열광적인 반응을 얻고 있다. 전국의 레스토랑에서 일하고 있는 셰프들이 대거 참여해 각자의 기량을 뽐내는 이 프로그램은 시간과 재료를 정해놓고 유명 셰프 앞에서 솜씨를 보이는 방식이다. '랄카자'는 최근, 방송사와 함께 〈톱 셰프〉 본선 진출자들의 요리를 실제로 맛볼 수 있는 이벤트를 개최하여 큰 관심을 끌기도 했다.

랄카자는 1998년에 문을 연 곳으로, 영국의 테렌스 콘랜 경이 디자인한 공간으로도 잘 알려져 있다. 왕실로부터 '경Sir'의 작위를 받을 정도로 현대인의 라이프스타일 전반에 영향을 미친 디자이너로 유명한 콘랜 경은 '컨템포러리 브라스리'라는 콘셉트를 바탕으로 랄카자를 경쾌하면서도 따뜻함이 느껴지는 분위기로 만들어냈다.

멋진 사진이 걸려 있는 긴 복도를 통해 안으로 들어가면 넓은 공간이 시원스레 펼쳐진다. 직사각형의 복층 형태이며 1층은 레스토랑, 2층은 바로 운영하고 있다. 눈썰미 있는 사람이라면 레스토랑 벽에 걸린 사진들을 그냥 지나칠 수 없을 것이다. 근처의 카멜 메노 갤러리와 연간 계약을 맺어 유명 사진작가들의 작품을 종종 전시하는데, 미국의 피터 베아르, 도나 트로프, 일본의 아라키 노부요시, 프랑스의 레이몽 드라르동과 같은 세계적인 작가들의 전시가 열린 바 있다.

고급 프렌치 레스토랑 '타유방Taillevant' 출신인 기욤 뤼타르Guillaume Lutard 셰프와 그를 따르는 20여 명의 요리사들이 만드는 요리는 실험적이고 모던한 프렌치를 제안하고 있다. 전통과 모던을 적절히 융화시킨 퓨전 요리도 수준이 높아, 새로운 맛에 목말라 하는 식도락가부터 전통의 맛에 지친 일반인들까지 고루 만족시킬 정도다. 피스타치오와 푸아 그라 파이, 레몬 콩피와 가지를 곁들인 대구 요리, 바닐라 밀푀유로 이어지는 코스를 추천한다. 음료까지 포함한 풀코스로 주문하면 37유로, 본식과 음료수, 커피만 주문하면 21유로에 즐길 수 있는 점심 메뉴가 있다. 저녁은 이보다 약간 가격대가 올라간다.

2층의 바는 DJ 미셸 베몽이 손을 댄 이후로 '부다 바', '호텔 코스테'와 함께 파리 라운지 음악을 이끄는 삼총사로 명성을 떨치고 있다. 매일 다른 테마의 음악으로 신선한 감동을 줄 뿐 아니라 요일을 달리하여 테마 음악을 선보이는데, 수요일과 토요일은 이 바에서 가장 뛰어난 DJ가 등장한다고.

01 댄싱홀로 이용되던 공간이 모던한 레스토랑으로 재탄생했다.
02 2층에 마련된 바에서는 알코올을 즐길 수 있다.
03 파인 다이닝을 즐길 수 있는 레스토랑의 원탁

01

02

03

예산: 점심 €22/31/40, 저녁 €44

주소: 62 rue Mazarine 750C6 Paris

교통편: M4·10 Odéon에서 도보 4분

연락처: 01 53 10 19 99

영업시간: 12:00~14:30, 19:00~23:30

www.alcazar.fr

제 키친 갈르리
Ze Kitchen Galerie

생제르맹데프레 거리에서 퐁네프에 이르는 골목에는 파리국립미술학교를 비롯해 크고 작은 갤러리들이 모여 있다. 센 강변 근처에 있는 '제 키친 갈르리'를 드나드는 사람들 중 예술 관련 종사자들이 많은 것도 그런 까닭이다. 『미슐랭 가이드』 1스타를 받은 셰프 윌리엄 르되유Wiliam Ledeuil가 태국과 일본, 베트남 등지를 여행하며 경험한 식재료와 조리법을 정통 프렌치와 결합시킨 요리를 선보인다. 예술을 사랑해서 과거 피카소가 드나들던 아틀리에를 레스토랑으로 만든 르되유는 자신에게 영감을 준 예술가들을 위해 1년에 세 차례 전시를 열 수 있도록 해주고 있다.

제 키친에서 일하는 요리사들은 다양한 국적의 젊은이들로, 새로운 요리에 대한 열정과 아이디어로 똘똘 뭉쳐 있다. 오픈 키친 창 너머로 이들의 바쁜 손놀림을 엿볼 수 있는데, 그야말로 활기찬 스펙터클을 앞에 두고 식사를 할 수 있다.

레스토랑에 들어서는 순간, 맛있는 음식 냄새와 함께 눈앞에 펼쳐지는 아름다운 그림, 음식에 대한 기대를 한껏 높여주는 오픈 키친, 그리고 친절한 종업원들이 서브해주는 한 폭의 수채화를 연상시키는 접시 위의 축제는, 이곳이 왜 그토록 파리 사람들에게 사랑받는지 깨닫게 해준다.

건강식이 각광받고 있는 요즘, 셰프 르되유

는 기름기가 적은 재료를 기본으로 허브, 과일 등을 사용해 자연 그대로의 맛을 내고, 후추나 소도구 외엔 향신료를 거의 쓰지 않는 대신 생강이나 강황 같은 재료를 사용해 입맛 까다로운 파리지앵들의 호응을 얻고 있다.

점심은 39.60유로, 저녁은 38유로로 미슐랭 1스타 레스토랑치고는 저렴한 편이다. 굴과 조개즙, 와사비로 만든 전식, 풍접초과의 꽃봉오리와 생강을 소스와 함께 넣은 어린 양 요리, 설탕에 절인 배와 밤 수프 코스를 추천한다. 자리가 붐비면 제 키친이 최근 근처에 오픈한 세컨드 레스토랑인 KGB^{Kitchen Galerie Bis}도 가 볼 만하다.

01

03

04

02

05

예산: 점심 €40~ , 저녁 €70~82
주소: 4 rue des Grands Augustins 75006 Paris
교통편: M4 Saint-Michel에서 도보 4분
연락처: 01 44 32 00 32
영업시간: 월~금 12:00~14:30, 19:30~23:00
　　　　　토 19:00~23:00
www.zekitchengalerie.fr

피에르 가녜르의 가야
Gaya par Pierre Gagnaire

재료의 조직과 질감, 요리 과정을 과학적으로 분석한 '분자 요리'를 개발하고, 요리를 예술로 승화시키며 '요리계의 피카소'로 통하는 피에르 가녜르는 그 이름만으로도 사람들의 이목을 집중시키는 셰프다. 그런 그가 지식인과 예술가들이 모여 사는 생제르맹데프레 거리에 '가야'를 열자 많은 이들이 놀라워했다. 그가 가야를 만든 것은 '세계 최고의 요리를 캐주얼하게 즐길 수 있는 레스토랑'을 열어보라는 오랜 친구의 제안 때문이었다.

2004년에 처음 문을 연 가야는 해산물을 주요 메뉴로 내놓아 고기 요리보다 생선과 채식을 선호하는 사람들이 즐겨 찾는다. 재료 본연의 색과 맛, 텍스처를 고스란히 살린 음식들은 현대회화 작품을 연상시킬 정도로 아름답고, 요리 이름만 봐도 금세 이해가 되는 간단한 메뉴들로 좋은 평을 받고 있다. 특히 카르파치오 스타일의 관자 요리는 한입 베어 물면 입안 가득 신선함이 퍼진다. 문을 연 지 얼마 안 되어 가야는 미슐랭 1스타에 올랐다.

2011년 해산물 전문 레스토랑이라는 점을 살려 바다와 파도, 미역 등을 형상화한 실내장식은 인테리어 디자이너 크리스티앙 기옹Christian Ghion이 리뉴얼했다. 벽에는 가녜르가 소장하고 있는 예술작품 및 그의 지난날이 담긴 흑백사진들이 걸려 있는데, 보다 보면 문득 요리계의 피카소가 걸어온 길이 궁금해진다.

143

1950년 프랑스 아피나크라는 작은 마을에서 태어난 피에르 가녜르는 열다섯 살에 요리에 입문했으며, 오랜 노력 끝에 미슐랭 3스타에 빛나는 영예를 얻었다. 1996년 세계 요리계에 엄청난 반향을 일으켰다가 돌연 레스토랑 문을 닫고, 1년 후 발자크 호텔에 연 피에르 가녜르 레스토랑을 시작으로 전 세계 주요 도시에 레스토랑을 열면서 바야흐로 전성기를 맞이했다. 2008년 10월에는 파리, 도쿄, 홍콩에 이어 서울에도 피에르 가녜르 레스토랑을 오픈했고, 얼마 지나지 않아 서울 최고의 파인 다이닝이란 호평을 받았다.

01 세계적인 셰프 피에르 가녜르의 카리스마 자체가 믿음이다.
02 03 04 모던하고 심플한 스타일로 꾸며진 레스토랑 실내
05 숙련된 요리사들이 프렌치 요리의 새로운 스타일을 보여준다.

144

01

02

03

04

05

예산: 점심 €60, 저녁 €50~100
주소: 44 rue du Bac 75007 Paris
교통편: M12 Rue de Bac에서 도보 2분
연락처: 01 45 44 73 73
영업시간: 월~금 12:00~14:30, 19:00~23:00,
          토 12:00~15:00, 19:00~23:00
www.pierre-gagnaire.com

르 시엘 드 파리
Le Ciel de Paris

몽마르트르 언덕 등 높은 곳에서 파리를 내려다보면, 거의 일직선상에 솟아 있는 두 개의 랜드마크를 볼 수 있다. 하나는 에펠탑, 다른 하나는 59층의 몽파르나스 타워Tour Montparnasse다. 유럽에서 가장 높은 오피스 빌딩으로 알려진 몽파르나스 타워는 1973년에 완공됐다. 처음에는 파리의 미관을 해친다는 이유로 시민들의 반대에 부딪혔으나, 1969년 당시 문화부 장관이었던 앙드레 말로는 몽파르나스 기차역 신축, 퐁피두센터 건립 같은 프로젝트를 통해 파리에 역동성을 불어넣겠다는 혁신을 꿈꾸었고, 그의 강력한 추진 아래 몽파르나스 타워가 세상에 모습을 드러낼 수 있었다.

147

몽파르나스 타워 56층에 위치한 레스토랑 '르 시엘 드 파리'는 가장 로맨틱하게 파리의 야경을 즐기며 식사를 할 수 있는 곳이다. 145명이 동시에 식사를 즐길 수 있는 이 대형 레스토랑은 최근 인테리어 디자이너이자 건축가인 노에 뒤쇼푸로랑Noé Duchaufour-Lawrance의 손길을 거쳐 새롭게 태어났다. '파리의 거대한 창'이란 콘셉트를 살려 리뉴얼한 공간은 마치 공중에 떠 있는 성채 같다. 천장에선 수백 개의 거울이 별처럼 반짝인다. 무엇보다 기후 조건과 시간에 따라 달라지는 파리의 얼굴을 210미터 상공에서 내려다보는 것만으로도 포만감을 느낄 수 있을 것이다.

아무리 훌륭한 전망을 자랑하는 레스토랑

이라도 음식 맛이 훌륭하지 않으면 완벽한 만족을 줄 수 없을 것이다. 공간 리뉴얼과 함께 새로 영입한 셰프, 크리스토프 마르셰Christophe Marchais는 전통 프렌치를 예술적으로 해석하는 재주가 탁월하다. 음식을 제대로 맛보려면 코스를 시키는 것이 좋지만, 한두 가지는 생략해도 크게 부족함이 없다. 시그너처 메뉴로는 향료가 들어간 빵과 잼, 무를 곁들인 푸아 그라, 감자 가니시와 함께 나오는 넙치 요리, 마늘즙과 로즈마리가 들어가 부담 없이 먹을 수 있는 양갈비살 요리 등이 있다. 디저트로는 프랑스 정부의 장인 칭호를 받은 파티셰가 만드는 '쇼콜라 그랑 크뤼Chocolats Grands Crus'를 추천한다.

　　예약을 못 했거나 주머니 사정이 여의치 않을 때는 샴페인 바에 들러보는 것도 괜찮다. 잠시나마 파리의 풍경을 감상하면서 샴페인이나 칵테일을 즐길 수 있다. 점심과 저녁 시간 사이에는 살롱 드 테에서 여유롭게 차를 마실 수 있다. 블랑 드 블랑 샴페인 중에는 '뤼나르Ruinart'를, 칵테일은 캄페리와 샴페인 리퀴르 드 생 제르맹을 혼합한 '시엘 드 파리Ciel de Paris'를 추천한다. 샴페인 가격은 15~30유로로 전망대에 올라가는 비용과 크게 차이가 나지 않으므로, 특히 추운 겨울에는 전망대 대신 바로 샴페인 바로 향할 것을 권한다.

01 신선한 연어가 입맛을 돋우는 예술적인 플레이팅
02 초콜릿과 크림으로 식사를 마무리할 수 있는 디저트
03 하늘의 별처럼 떠 있는 천장의 조명이 로맨틱한 분위기를 연출한다.

예산: 점심 €30/39 저녁 €68~
주소: 몽파르나스 타워 56층,
　　　33 avenue du Maine 75015 Paris
교통편: M4·6·12·13 Montparnasse-
　　　Bienvenüe에서 도보 5분
연락처: 01 40 64 77 64
영업시간: 아침 7:30~11:00
　　　　점심 12:00~14:30
　　　　살롱 드 테 15:00~18:00
　　　　저녁 19:00~23:00
www.cieldeparis.com

01

149

02

03

상투
Sentou

2003년, 고급 가구점이 즐비한 파리 7구의 라스파유^{Raspail} 대로에 문을 연 '상투'는 인테리어에 관심이 있는 사람이라면 꼭 한번 들러볼 만한 라이프스타일 편집숍이다. 상투는 1947년 로베르 상투^{Robert Sentou}가 프랑스 남서부 지역에서 '페리고의 나무^{Bois du Perigord}'란 이름으로 작은 가구공장을 세우면서 시작됐다. 상투는 종합 인테리어는 물론 맞춤가구 제작까지 꾸준히 사업을 확장해나갔고, 1991년 로베르가 은퇴하면서 24세의 신예 피에르 로마네^{Pierre Romanet}의 열정과 창의력을 믿고 그에게 회사를 맡기는 모험을 한다.

1991년 외부 크리에이터들과 진행한 콜라보레이션은 상투에게 국제적 명성을 안겨주었는데, 그 첫번째 작업은 뉴욕에 있는 노구치 재단과 계약을 맺어 이사무 노구치의 종이 조명인 아카리 컬렉션을 유럽에 최초로 소개한 것이었다. 이후 1992년 디자인 그룹 체체^{Tsé-Tsé}와 연합하면서 더욱 창의적이고 시적인 작품을 선보이며 디자인계의 주역으로 떠올랐다.

상투는 공간부터 남다르다. 건축가 크리스티앙 비에셰^{Christian Biecher}가 디자인한 이 숍은 계절이나 기획에 따라 수시로 바뀔 수 있도록 구성되어 있다. 오브제 위주로 전시하던 마레의 매장과 달리 이곳에서는 알바 알토의 화병, 브리지트 드 바젤레르^{Brigitte de Bazelaire}의 세라믹, 아르네 야콥슨이나 장 프루베의 컬렉션, 이사

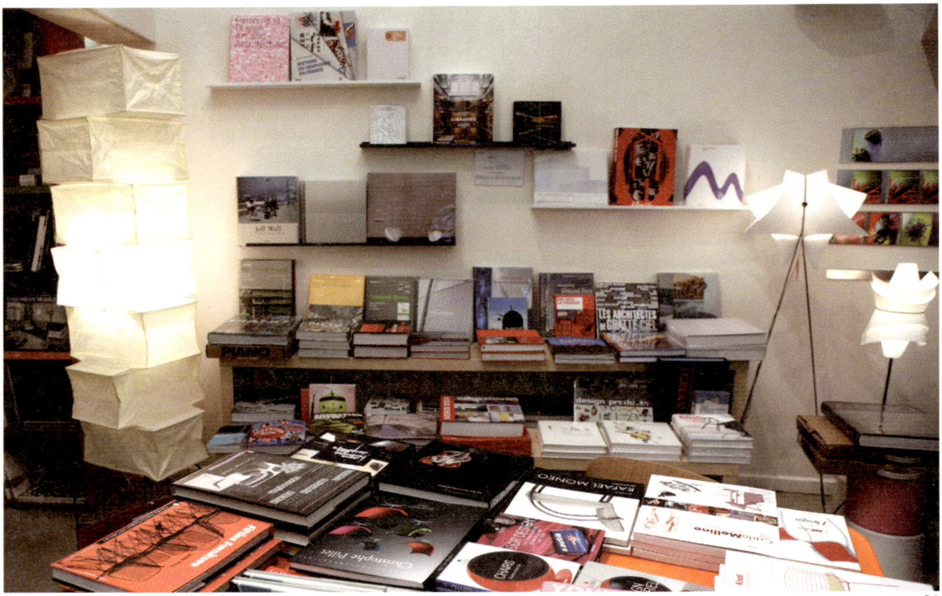
Jeff Wall
LES ARCHITECTES DE GRATTE-CIEL
RAFAEL MONEO
Christophe Pillet
01

02

03

04

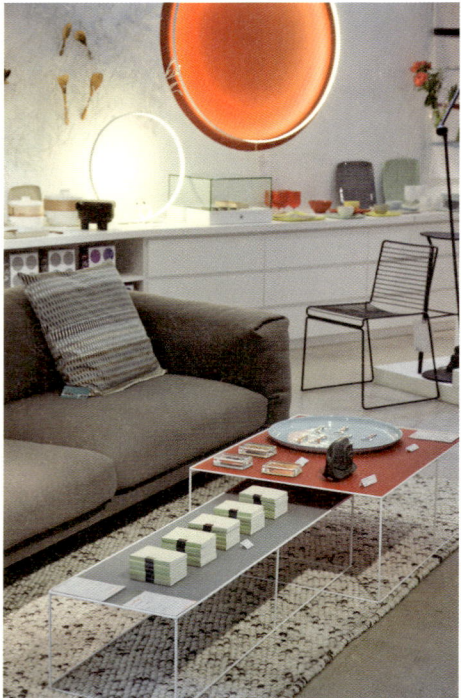

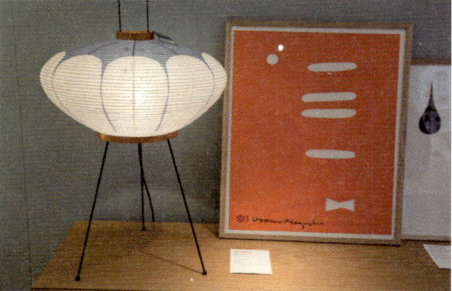

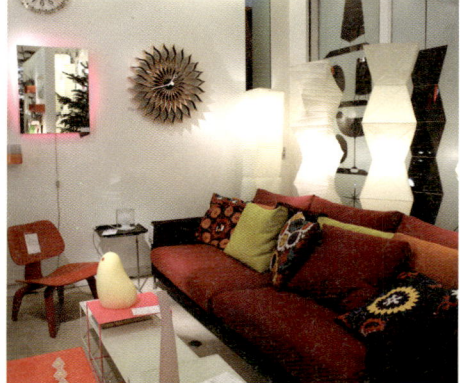

무 노구치나 지엘드Jieldé의 조명, 임스 부부의 의자처럼, 생활 속 명품은 물론 귀여운 문양의 침구류와 실용적인 생활용품을 만날 수 있다. 피에르 롬네의 상투 에디션, 상드린느100Drine, 다비드 디자인David Design, 디자인 바이 오Design by O 등, 상투의 시그너처 모델들은 한결같은 사랑을 받고 있다.

가구, 조명, 옷걸이, 텍스타일 등 상투 에디션의 다양한 컬렉션은 언제 봐도 선물용으로 그만이다. 특히 디자이너 그룹 체체의 테이블용 냅킨, 디자인 바이 오의 압정 모양 옷걸이, 유아용 식기 세트와 유아복, 귀여운 어린이와 동물 문양이 새겨진 수납함은 여행자들에게도 인기가 높다.

153

05

주소: 26 boulevard Raspail 75007 Paris
교통편: M10·12 Sèvres-Babylone에서 도보 3분
연락처: 01 45 49 00 05
영업시간: 화~금 10:30~19:00, 토 10:00~19:00
www.sentou.fr

BOURDELLE

부르델 미술관
Musée Bourdelle

'부르델 미술관'은 아리스티드 마이욜, 오귀스트 로댕과 더불어 프랑스를 대표하는 조각가 3인으로 꼽히는 앙투안 부르델Antoine Bourdelle이 1885년부터 1929년까지 살던 스튜디오를 미술관으로 만든 곳이다. 그의 아내인 클레오파트르와 딸 로디아가 부르델이 남긴 900여 점의 조각과 1,500여 점의 데생을 기증하면서 1949년 5월에 모습을 드러냈다.

한 예술가의 혼이 느껴지는 이 공간은 비밀의 화원처럼 한적해 산책하기에 아주 그만이다. 미술관에 들어서면 거대한 조각이 서 있는 중정이 나타나고, 안쪽으로 들어가면 가장 먼저 대형 홀이 나온다.

부르델 탄생 100주년을 기념하는 의미에서 건축가인 앙리 고트루슈Henri Gautruche가 설계한 이 건물은 탁 트인 공간이 일품이다. 부르델의 대표작이라 할 수 있는 「활을 쏘는 헤라클레스」, 「페넬로프」, 「사포」를 비롯해 아르헨티나 독립 전쟁의 영웅인 「카를로스 마리아 데 알베아르 장군의 기념비」까지, 그의 작품이 한데 모여 있는 공간에 서 있으면 위대한 조각가에 대한 경외심이 절로 생긴다. 이사도라 던컨의 춤에서 모티프를 얻어 조각했다는 '파리 샹젤리제 극장의 파사드 연작' 역시 놓쳐서는 안 될 작품이다.

홀에서 나와 안으로 발걸음을 옮기면 19세기에 지어진 아틀리에가 모습을 드러낸다. 북

향으로 난 높다란 유리창으로 햇빛이 쏟아지고, 소박한 작업 도구들로 시선을 돌리면 그 아래에서 작업하던 예술가의 환영이 어른거리는 듯하다. 미완성으로 남은 작품과 토르소, 작업 도구들을 둘러본 다음엔 부르델의 작품 세계를 설명해주는 시청각 자료들을 볼 수 있는 작은 방이 이어진다.

아틀리에에서 나와 고양이가 어슬렁거리는 작은 뜰을 가로질러 맞은편 건물로 향하면 오래된 건물을 새롭게 단장한 거대한 공간이 나타난다. 이곳 역시 부르델이 작업실로 사용하던 공간으로, 건축가 크리스티앙 드 포장파르 Christian de Potzamparc가 새롭게 설계했다. 유족들이 기증한 작품들 중 비교적 크기가 작은 조각과 데생 등을 볼 수 있다. 부르델의 숨결이 느껴지는 이 소중한 공간은 그에 대해 미처 몰랐던 사실을 알게 해줄 뿐만 아니라, 차분하고 고요한 분위기에 젖어 잠시나마 진짜 휴식을 취할 수 있게 해준다.

01

02

03

04

05

06

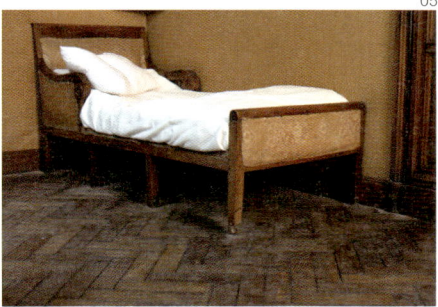
07

주소: 18 rue Antoine Bourdelle 75015 Paris

연락처: 01 49 54 73 73

교통편: M4·6·12·13 Montparnasse-Bienvenüe에서
     도보 6분

개관시간: 화~일 10:00~18:00, 무료입장

www.bourdelle.paris.fr(2015년 재개관 예정)

'오스카 와일드가 세상을 떠난 곳.' 로텔 입구의 현판에 써 있는 그 문구를 보면 잠시 걸음을 멈추게 된다. 와일드의 흔적이 남아 있는 '로텔'에 들어서면 과거로 초대된 것만 같다. 파리의 유서 깊은 건물들이 하나둘 차츰 개축되고 재활의 길을 걷기 시작했지만, 역사의 향기를 소중히 간직하고 있는 로텔 같은 건물들이 남아 있기에 파리는 여전히 매력적이다. 아니, 그건 어쩌면 파리라서 가능한 일일 수도 있겠다.

리셉션 공간을 지나면 시원하게 뚫린 천창을 통해 따스한 햇살이 내리쬐고, 엷은 오렌지와 화이트 톤으로 칠해진 원형의 벽에는 오래된 조각들이 장식돼 있다. 좁은 계단을 통해 지하로 내려가면 수영장이 있다. 수영장이라고 하지만 작은 개인용 스파에 가까운 풀이다. 이곳은 고대 로마의 스파를 원형대로 복원한 것으로 실내를 밝히는 작은 촛불이 바닥의 아름다운 푸른색 타일과 어우러져 사랑스럽고 로맨틱한 분위기를 자아낸다. 이 비밀스런 공간은 호텔에 머무는 사람에 한해 미리 예약을 해야 이용할 수 있다.

1816년부터 현재의 자리에서 호텔 영업을 시작한 로텔은 그동안 이웃한 건물을 매입할 기회가 꽤 있었지만, '스몰 럭셔리' 호텔을 고집하며 지금도 스무 개의 객실만을 운영하고 있다. 1900년 여기에서 묵다가 세상을 떠난 오

159

스카 와일드 덕분에 유명세를 탔지만, 사실 20세기 초반만 해도 로텔은 가난한 작가들이 찾는 싸구려 호텔에 지나지 않았다. 그랬던 이곳이 세월이 흐르면서 건물의 역사적 가치가 상승하고 주인도 바뀌면서 세계적인 호텔로 자리매김한 것이다. 프랑스의 유명한 고성과 고급 호텔을 복원해온 인테리어 디자이너 자크 가르시아Jacques Garcia는 이 아름다운 건물이 간직한 품위를 지키면서 한층 더 세련되게 꾸며 호텔이 역사의 뒤안길로 사라지지 않는데 일조했다.

1층에 있는 레스토랑은 파리 근교 뱅센에 있는 '라 그랑드 카스카드La Grande Cascade'에서 일했던 줄리앙 몽바뷔Julien Monbabut가 셰프를 맡고 있다.

로텔의 룸에는 각각 이름이 붙어 있다. 와일드의 영국 자택을 모티프로 삼아 재현한 스위트 룸은 '오스카 와일드', 가수이자 배우였던 미스탱게트 아도레Mistinguett Adorait가 쓰던 가구와 집기를 그대로 보존해놓은 방은 '미스탱게트'란 이름으로 불린다. 로텔의 클래식한 인테

Tip 호텔 레스토랑 추천 메뉴

전식으로 복숭아와 후추를 곁들인 푸아 그라나 아구 요리, 회향을 넣고 버터에 볶아낸 쫄깃한 아구 볼살 요리를 추천한다. 본식으로는 속이 노랗고 길쭉한 감자를 곁들인 농어 또는 닭고기 요리나, 호박을 곁들인 가금류도 있다.

01 오스카 와일드의 숨결이 남아 있는 곳임을 말해주는 왼쪽의 현판
02 아래쪽에서 올려다본 호텔 천장
03 문학가의 숨결이 느껴지는 클래식한 공간
04 05 06 미슐랭 1스타 레스토랑답게 최고의 프렌치 테이블과 만나볼 수 있다.

01

02

03

04

05

06

리어와 역사적인 의미에 열광했던 고객들 중에는 살바도르 달리, 그레이스 켈리, 엘리자베스 테일러, 리처드 버튼 등이 있으며, 모니카 벨루치, 조니 뎁, 로버트 드니로, 키아누 리브스, 롤링스톤스, 숀 펜, 밀라 요보비치 등 유명 스타들도 파리에 올 때면 이곳을 찾는다고 한다.

08

예산: 점심 €35~55, 저녁 €110~190
주소: 13 rue des Beaux-Arts 75006 Paris
교통편: M4 Saint-Germain-des-Près에서 도보 6분
연락처: 01 44 41 99 00
www.l-hotel.com

04

몽마르트르&오페라 루브르

nartre

opéra

ouvre

보코
Boco

금융 및 쇼핑가로 유명한 오페라 대로 Avenue de l'Opéra는 화이트칼라 파리지앵들이 많이 오가는 활기찬 곳이다. 그렇다면 매일 회사 근처에서 식사를 해결해야 하는 이 사람들이 주로 가는 곳은 어디일까? 프랑스 사람들은 저녁식사를 2~3시간에 걸쳐 먹지만 점심식사는 간단한 샌드위치나 샐러드로 때우는 것이 보통이다. 오페라 대로 옆에 위치한 레스토랑 '보코'는 바쁜 직장인들에게 사랑받을 만한 조건을 두루 갖추고 있다. '심플하고 빠르면서도 아름다운 음식'을 추구하는 보코에서는 건강에 좋은 식재료를 엄선해 미슐랭 스타 셰프들의 레시피로 만든다. 음식은 확실하게 밀폐되는 빈티지 스타일의 둥근 유리병에 제공된다. 빈병을 가져오면 1유로를 돌려주는 친환경 시스템이 인상적이다.

주문 방법 역시 간단하다. 먼저 냉장고 앞으로 가서 자신이 원하는 음식을 고르고 계산을 하면, 전자레인지로 음식을 데워준다. 각 음식마다 레시피를 만든 셰프의 얼굴과 이름이 적힌 라벨이 달려 있어 고르는 재미도 쏠쏠하다. 음식들은 전식과 본식, 후식으로 나눠져 있어 여러 셰프의 요리를 원하는 대로 맛볼 수 있다.

보코는 음식 맛을 지키기 위해 끊임없이 노력하고 있다. 스위스 최고급 호텔의 경영진으로 일해온 오너의 인맥으로 프랑스를 대표하

167

는 셰프들이 메뉴 개발에 참여했을 뿐 아니라, 지금도 셰프들이 일주일에 한 번씩 이곳의 주방을 방문해 자신이 제공한 레시피대로 음식을 만들고 있는지 확인하고 직접 손님들의 반응을 살펴본다. 이름만 걸어놓은 것이 아니라 메뉴를 시시때때로 테스트하면서 새로운 메뉴 개발에 참고하고 이를 반영하는 시스템이 있기에 보코의 명성이 유지될 수 있는 것이다.

미슐랭 3스타 셰프인 안 소피 픽Anne Sophie Pic이 선보이는 남부 요리는 여성 특유의 세심함이 느껴지고, 플라자 아테네 호텔의 파티셰인 크리스토프 미셸락의 디저트는 달콤함에도 깊이가 있다는 사실을 깨닫게 해준다. 프랑스 정부가 공인한 요리명장MOF이자 미슐랭 3스타에 빛나는 셰프 엠마뉴엘 르노Emmanuel Renaut는 알프스 산간 지역의 요리를 소개, 파리의 다른 레스토랑에서는 맛보기 힘든 독특한 지역요리를 내놓는다. 마지막으로, 미식가들에게 새로운 영감을 주는 음식을 선보인다는 평을 듣는 셰프 질 구종Gilles Goujon의 음식도 맛볼 수 있다. 이들 셰프들이 만드는 요리를 보코가 아니라 레스토랑에서 먹는다면 아마 한 끼에 100유로는 훌쩍 넘을 것이다. 하지만 보코에서는 풀코스로 즐겨도 30유로 정도면 가능하다. 이처럼 파격적인 발상의 전환이 보코가 치열한 슬로푸드 레스토랑 업계에서 선두를 지킬 수 있는 비결일 것이다.

168

01 특별한 장식적인 요소를 배제한 심플한 레스토랑 내부
02 크리스토프 미셸락을 비롯한 미슐랭 셰프들이 레시피를 만든다.
03 셰프 질 구종의 독특한 요리도 유리병에 담아 판매한다.

01

03

예산: €8~20

주소: 3 rue Danielle Casanova 75001 Paris

교통편: M7·14 Pyramides에서 도보 3분

연락처: 01 42 61 17 67

영업시간: 월~토 11:00~22:00

www.boco.fr

02

파리의 겨울은 유독 길게 느껴진다. 주룩주룩 내리는 장맛비까지는 아니더라도, 잿빛 하늘에서 소리 없이 떨어지는 비를 매일 맞아본 사람이라면 그 기분을 알 것이다. 또 파리의 겨울은 우울하다. 사람들의 옷차림이나 표정, 그리고 건물에서 느껴지는 왠지 모를 우수가 도시 전체에 감돈다.

그럼에도 파리는 겨울과 썩 잘 어울리는 도시다. '앙젤리나'는 그런 파리의 겨울과 제법 잘 어울리는 살롱 드 테이다. 물론 쾌청한 여름날에 이곳을 찾아도 좋지만 추운 겨울 거리를 걷다가 이곳에 들러 달콤한 쇼콜라 쇼 한잔에 몸을 녹이고 촉촉한 몽블랑을 한입 베어 물면 머리끝까지 따끈한 행복에 금세 젖어든다.

171

1903년 처음 문을 열 당시 이곳의 이름은 '럼플메이예Rumpelmayer'였다. 프랑스 남부에 이미 3개의 살롱 드 테를 열어 성공한 오스트리아 태생의 파티셰 앙투안 럼플메이예Antoine Rumpelmayer의 이름을 딴 것이다. 그러나 근처에 같은 이름의 살롱 드 테를 먼저 연 사람의 부탁으로 이름을 바꾸기로 하여, 며느리의 이름을 따 앙젤리나로 고쳤다고. 앙젤리나가 문을 열 당시 프랑스는 경제적, 문화적으로 호황을 누리던 '벨 에포크 시대'를 지나고 있었다. 예술과 문화가 번창하고 거리에는 우아한 복장을 한 신사숙녀로 넘쳐났으며, 레스토랑 막심Maximo이나 살롱 드 테 앙젤리나, 카페 레 뒤 마고 같은 곳은 지식인과 비즈니스맨들이 삶과 사업을 논하는 사교 장소로 이름을 날리고 있었다. 앙젤리나에 가면 『잃어버린 시간을 찾아서』를 쓴 작가 마르셀 프루스트가 글 쓰는 모습을 볼 수 있었고, 패션 디자이너 가브리엘 샤넬은 시간이 나면 이곳에 들러 사람들과 함께 달콤한 몽블랑 한 조각으로 스트레스를 날려버리곤 했다.

파리로 상경한 뒤에도 자신이 살던 코트다쥐르 지역의 아름다운 풍광과 온화한 기후를 그리워하던 창업자 럼플메이예는 당대 유명 건축가였던 에두아르 장 니에만Édouard Jean Niermans에게 디자인을 의뢰했다. 그렇게 해서 꾸며진 루이 15세 스타일의 호화로운 실내는 코트다쥐르를 배경으로 한 인상적인 벽화를 포함하여 중후하고 클래식한 분위기를 풍긴다. 팔걸이가 있는 푹신한 의자와 샹들리에, 검은 원피스와 하얀 앞치마를 두른 종업원의 모습은 예나 지금이나 한결같다.

지난 30여 년간 자리를 지켜왔던 파티셰가 은퇴하고 2007년 잘생긴 젊은 셰프, 세바스티앙 보어Sébastian Bauer를 영입하면서 앙젤리나는 새로운 전성기를 맞이했다. 알자스 태생의 세바스티앙은 파리 최고급 호텔인 르 브리스톨과 리츠를 거쳐 마카롱으로 유명한 피에르 에르메로부터 기술을 사사하여 29세의 어린 나이에 앙젤리나의 셰프에 오를 만큼 뛰어난 실

01 달지 않은 생크림과 코코아 원액을 사용하는 쇼콜라 쇼는 다른 곳에서는 맛보기 힘든 깊은 맛을 자랑한다.
02 03 촉촉한 밤 크림이 일품인 몽블랑
04 신선한 산딸기로 상큼한 맛을 느낄 수 있는 마카롱
05 샹티이 크림과 캐러멜이 있는 생 토노레는 앙젤리나의 간판 메뉴 중 하나

01

02

03

04

05

06 장식적인 요소보다는 옛 모습을 간직하고 있는 인테리어. 코트다쥐르를 배경으로 한 벽화가 인상적이다.

력의 소유자다. 게다가 일본 잡지에 소개되면서 그를 보기 위해 앙젤리나를 찾는 동양인 여성들이 눈에 띄게 늘었다는 후문도 있다.

앙젤리나는 파리 시민들의 휴식처인 튈르리 공원과 루브르 박물관 근처에 있어서 파리지앵은 물론 여행객들도 많이 찾고 있으며, 이곳의 쇼콜라 쇼와 몽블랑 맛은 누구라도 반하지 않을 수 없다. 그 매혹적인 맛에 이끌려 단골이 되고, 잊을 수 없는 첫사랑을 추억하듯 길게 늘어선 줄에도 아랑곳하지 않고 기다리기를 반복한다. 다디달면서도 씁쓸한 초콜릿처럼 말이다.

예산: 식사 €20~35, 쇼콜라 쇼, 몽블랑 등의
    간식 €10~25
주소: 226 rue de Rivoli 75001 Paris
교통편: M1 Tuileries에서 도보 2분
연락처: 01 42 60 82 00
영업시간: 월~금 7:30~19:00, 토~일 8:30~19:00
www.angelina-paris.fr

노르딕 감성과
프렌치 스타일의 조화

사튀른

Saturne

북유럽 스타일이 트렌드를 주도하는 것은 파리도 예외가 아니다. 실용적이고 심플하면서 아름답고 창의적인 북유럽 디자인을 앞세운 부티크들은 지금도 꾸준히 생기고 있으며, 마레 지구의 스웨덴 문화원 테라스에서 스웨덴 음식으로 주말 점심을 즐기는가 하면, 휴일에는 이케아에 가서 작은 집을 예쁘게 꾸밀 수 있는 저렴하고 실용적인 가구나 소품을 장만한다. 노르딕 빈티지를 전문으로 하는 숍들도 인기다.

북유럽 트렌드는 요리에서도 두드러진다. 세계 제일의 레스토랑으로 수년간 유명세를 누렸던 덴마크의 노마[NOMA], AOC 레스토랑, 스웨덴의 럭스[Lux], 노르웨이의 마에모[Maaemo]와 같은 곳은 북유럽 자연에서 얻은 식재료를 예술적으로 식탁 위에 풀어내면서 세계적인 명성을 얻었다. 파리에서는 노르딕 감성과 세련된 프렌치를 동시에 맛볼 수 있는 레스토랑이 하나둘 명성을 얻고 있다. 그중 '사튀른'은 최근 프랑스 요리계의 새로운 트렌드인 '네오 비스트로'를 이끄는 주역이다.

23세의 나이에 '미식계의 오트쿠튀르'로 불리는 미슐랭 2스타 레스토랑 아르페주[Arpège]에 들어가 세계적인 셰프인 알랑 파사르[Alain Passard] 밑에서 요리를 배우고, 이후 파리의 이름난 비스트로인 라신[Racines]에서 일했던 젊은 셰프 스벤 샤르티에[Sven Chartier]가 주방을 책임지고 있는 이 레스토랑은 감각적인 요리를 캐주얼한 분위기에서 즐길 수 있는 곳으로 유명하다. 까다롭기로 유명한 프랑스 요리 평론가들이 'Excellent'라는 표현을 아끼지 않을 정도로 가격대에 비해 만족도가 높은 음식을 만날 수 있다.

파리 중심의 오페라좌에서 동쪽으로 치우친 옛 증권거래소Bourse 근처에 있는 사튀른은 근처에서 일하는 변호사들과 금융인들 사이에서 입소문이 나면서 이젠 전세계의 식도락가들이 찾는 명소가 됐다. 유리 천장을 통해 따스하게 내리쬐는 햇살 아래에 앉아 식사를 할 수 있는 안쪽 자리에는 북유럽 감성이 느껴지는 가구와 조명이 컨템포러리한 분위기를 만들어낸다. 요리를 만드는 과정을 볼 수 있는 오픈 키친 옆에는 거대한 벽장을 떠올리게 하는 와인 저장고가 있다. 샤르티에와 함께 라신에서 호흡을 맞춘바 있는 소믈리에, 이완 르무안Ewen Lemoigne이 프랑스 전역을 다니며 잘 알려지지 않은 바이오 다이내믹 와인과 다양한 지역의 와인을 엄격하게 발굴하여, 무려 850여 종에 달하는 와인 리스트를 갖추고 있다.

음식은 네오 비스트로의 전형을 보여준다. 집에서 할머니가 해주신 것처럼 소박하지만 삶의 경험이 녹아들어간 듯한 가정식 요리를 지향한다. 요리의 형태나 플레이팅은 프랑스 최고의 요리를 내놓는 '가스트로노미 레스토랑'에 못지않으며, 각각의 재료가 갖는 형태나 맛,

01

02

03

04

01 한쪽 벽면을 가득 메운 와인 진열장
02 알랑 파사르의 제자답게 채소를 많이 사용하는
건강식 요리를 선보인다.
03 해산물보다는 바삭한 겉과 간이 제대로 밴 속살
이 일품인 육류 요리가 한국인 입맛에 맞는다.
04 귀여운 치와 라벨이 붙은 와인

냄새 등 고유의 특징을 유지할 수 있게 세심하게 신경쓴다. '제철에 나는 좋은 재료만을 사용할 것', '재료 본연의 맛을 유지할 수 있도록 조리시간은 짧게' 등이 이곳 주방의 원칙이다.

참치, 성게, 버섯을 사용해 바다와 산의 기운과 향을 신선하게 가둔 채 그림처럼 풀어내는 전채 요리는 보는 것만으로도 황홀하다. 유타 해변의 굴과 호두가 들어간 쇠고기 육회를 처음 먹었을 때의 감동은 잊을 수 없을 것이다. 아삭한 열무와 향긋한 올리브를 곁들여 바싹 구워낸 돼지고기나 샐러리와 파를 곁들인 브르타뉴 산 넙치 요리 등은 소스부터 데커레이션까지 셰프의 에너지와 요리에 대한 열정을 함께 맛볼 수 있다. 마지막으로 산딸기와 염소 치즈, 초콜릿 등으로 구성된 후식은 상큼하게 식사를 마무리해준다. 세 가지 종류로 서비스되는 점심을 풀코스로 즐기는 데 37유로(음료 별도). 수백 유로를 호가하는 파리의 고급 레스토랑에 비하면 저렴한 가격이 참으로 매력적이다. 좀더 호사스러운 식탁과 마주하고 싶다면 파인 다이닝 스타일의 5코스 메뉴를 주문해보자.

예산: 점심 €40, 저녁 €65
주소: 17 rue Notre-Dame des Victoires 75002 Paris
교통편: M3 Bourse에서 도보 2분
연락처: 01 42 60 31 90
영업시간: 월~금 12:00~14:30, 20:00~22:30
www.saturne-paris.fr

펑크와 모던이
교차하는 공간

오페라 가르니에
Opéra Garnier

'오페라 가르니에'는 에펠탑, 노트르담 성당과 더불어 파리를 대표하는 아름다운 건축물 중 하나로 손꼽힌다. 생김새가 거대한 케이크를 연상케 해서 '웨딩 케이크'라는 별명을 갖고 있는 호화로운 이 건물의 이름은 설계자인 샤를 가르니에^{Charles Garnier}의 이름에서 따온 것이다. 이 건물이 잘 알려진 건 가스통 르루^{Gaston Leroux}의 소설을 원작으로 한 뮤지컬 〈오페라의 유령〉의 배경이 되면서부터이다.

이 건물이 지어지기 시작한 것은 1861년으로 1875년에 완공된 이후엔 '국립오페라하우스'로 불렸다. 뮤지컬에도 등장하는 7톤에 달하는 거대한 크리스털 샹들리에는 1875년 1월 5일 설치되었는데, 1896년 5월 20일 샹들리에가 떨어지면서 관객이 사망하는 사건이 발생했다. 르루가 이 사건에서 영감을 받아 『오페라의 유령』을 썼다는 이야기도 있다.

거대한 건물 정면을 마주하고 서면 로시니, 오베르, 베토벤, 모차르트와 같은 음악가들의 흉상이 줄지어 있으며 신화에서 모티프를 얻은 아폴로, 페가수스 등의 황금빛 조각들이 자태를 뽐내고 있다. 베르사유 궁전의 화려함을 능가할 정도로 눈부신 실내는 대리석과 멋진 샹들리에로 가득한 바로크 스타일로 꾸며져 있으며, 1964년에 더해진 샤갈의 그림 「꿈의 꽃다발」이 공연장의 천장을 멋지게 장식하고 있다.

183

2,200여 명을 수용할 수 있는 오페라 극장은 1989년 프랑스 혁명 200주년을 맞아 새로이 문을 연 '바스티유 오페라'에 오페라 공연장 역할을 넘겨준 대신 발레 학교와 발레 공연장, 그리고 리허설을 하는 공연장으로 이용되고 있다. 600편 이상의 오페라와 300편 이상의 발레가 공연되었으며 〈빌헬름 텔〉, 〈타이스〉, 〈돈 카를로스〉 등이 그 대표작이다. 2013년 우리나라에서도 개봉된 영화 〈라 당스La Danse〉에는 350년 역사를 지닌 파리 국립오페라발레단의 모습과 이 건물의 지하실부터 옥상까지 구석구석 등장한다.

2011년에 디자이너 오딜 데크Odile Decq가 새로 디자인한 '오페라 카페&레스토랑'은 바로크의 화려함에 현대적 터치를 더한 공간으로, 공연을 보기에 앞서 들러 차를 마시거나 식사를 할 수 있다. 테라스는 여름이면 연인들로 가득하고, 곡선으로 주름진 통유리 안쪽으로 발길을 옮기면 온통 붉은 가운데 하얀 테이블 클로스가 방점을 찍어주는 메자닌(건물 내부의 중간층)이 강렬하게 시선을 끈다. 라운지 바와 메자닌, 살롱으로 나뉜 이 공간은 바로크와 모던의 결합이 얼마나 강렬한 무드를 만들어내는지 절로 깨닫게 해준다. 펑크와 고딕을 절충한 공간을 만들고 싶다는 이 건축가의 상상이 만들어낸 결과다.

오페라 레스토랑의 메뉴는 프랑스 남동부

01 강렬한 느낌의 레드 카펫과 가구들
02 실험적인 요리를 선보이는 스타일 있는 셰프 크리스토프 아리베르의 감각이 테이블에 묻어난다.
03 통유리를 통해 바깥 세상과 내부가 연결된 느낌이다.
04 날씨가 좋을 때 인기인 테라스석
05 마티니 전문 바가 마련되어 있어 식전에 아페리티프를 즐길 수 있다.
06 달콤 쌉싸름한 초콜릿은 환상적인 식사의 마무리

184

01

03

02

04

05

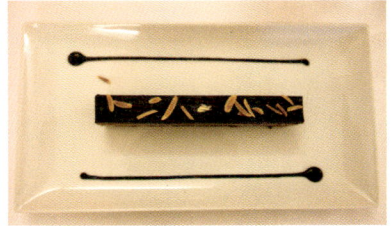

06

산간 지역인 이제르의 위리아주 그랜드 호텔에서 미슐랭 2스타 레스토랑을 운영하고 있는 크리스토프 아리베르Cristophe Aribert가 개발했다. 농어를 얇게 저민 카르파치오나 토마토와 바질 등이 들어간 리조토로 전식을 맛본 다음, 지롤 버섯과 프라이팬에서 조리한 쇠고기나 조개와 사프란이 들어간 바닷가재 등의 메인디시를 선택하면 후회하지 않을 것이다. 커피와 초콜릿, 아몬드가 들어간 후식인 오페라나 상큼한 소르베로 마무리하면 근사한 프렌치 스타일의 정찬을 경험하는 셈이다. 매일 시장에서 셰프가 직접 고른 재료로 만든 오늘의 요리(전식, 본식, 후식, 물)는 36유로 선에서 즐길 수 있다. 오늘의 요리는 서비스하는 시간이 보통의 식사 시간과 다르므로 점심시간을 선택하는 것이 좋다.

예산: 점심, 저녁 €36~
주소: 8 rue Scribe 75009 Paris
교통편: M3·7·8 Opéra에서 도보 4분
연락처: 01 71 25 24 23
관람시간: 10:00~17:00
레스토랑 영업시간: 아침 7:00~11:00
　　　　　　　오늘의 요리 12:00~15:00, 18:00~19:00
　　　　　　　보통의 요리 12:00~15:00, 18:00~23:30
www.operadeparis.fr

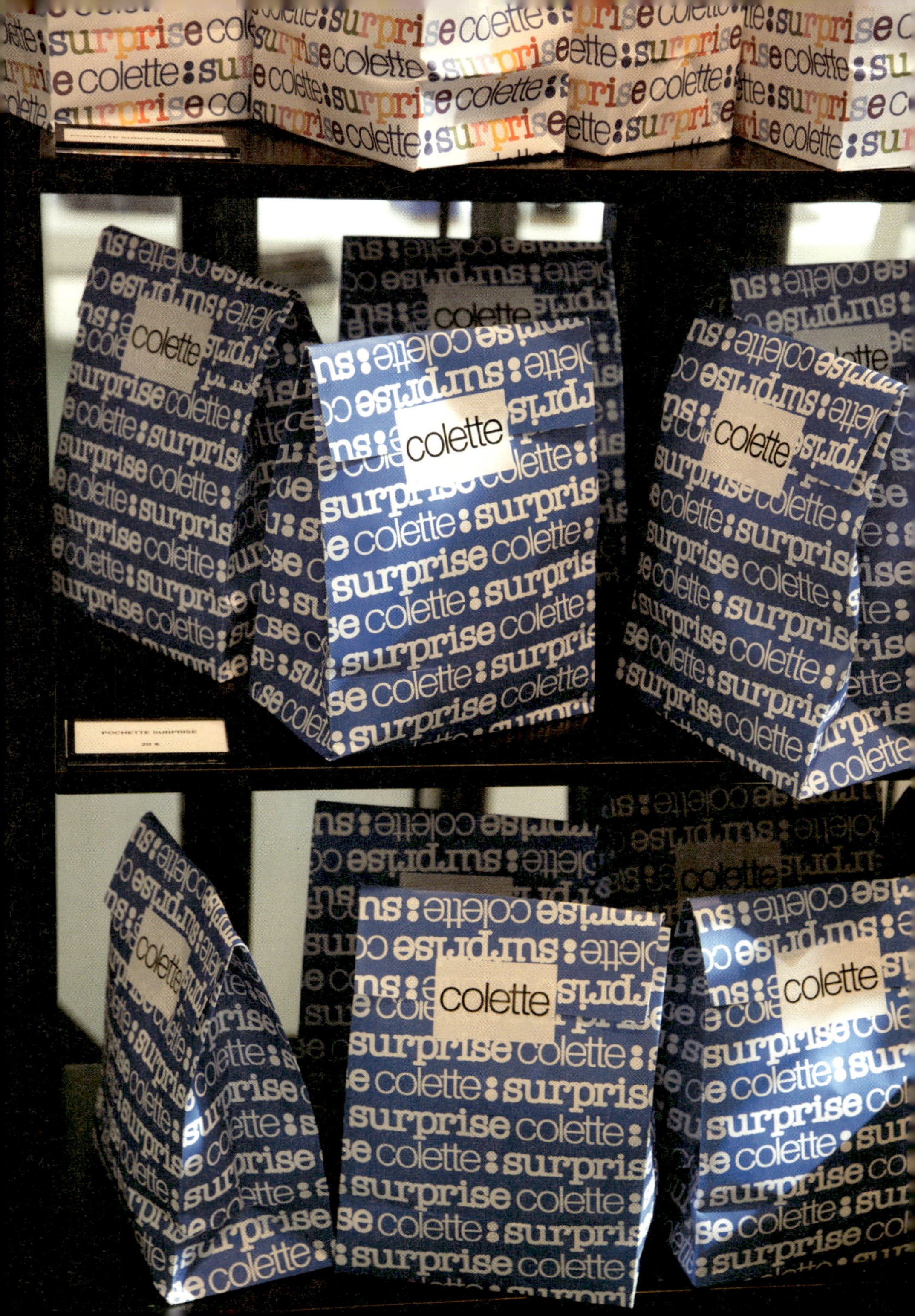
colette
surprise
POCHETTE SURPRISE
20 €

콜레트
Colette

밀라노의 10 코르소 코모와 더불어 세계에서 가장 영향력 있는 멀티 편집숍으로 사랑 받는 '콜레트'. 1997년 3월 콜레트와 사라, 두 모녀가 세계 명품 브랜드가 모여 있는 생토노레 거리에 문을 연 콜레트는 시간이 갈수록 더 많은 사람들에게 뜨거운 지지를 받고 있다. 패션뿐만 아니라 디자인, 예술, 음식, 사진, 하이테크, 뷰티 등으로 그 영역을 넓히면서 콜레트는 패셔니스타, 미디어 관계자를 포함한 트렌드 세터들의 놀이터로 자리잡았다.

'매거진 숍'이라는 독특한 콘셉트에 맞게 일주일에 한 번 디스플레이를 바꿀 정도로 변화와 유행을 중시하며, 신선한 안목을 유지하기 위해 최근에는 패션 컨설턴트 장 자크 피카르^{Jean Jacques Picart}를 영입하기도 했다. 콜레트는 유명 브랜드는 물론 가능성 있는 참신한 디자이너들의 작품도 선보인다. 콜레트 MD는 입점 조건에 대해 이렇게 말한 바 있다.

"브랜드는 그저 하나의 상징일 뿐 절대적인 선택의 기준은 아니다. 신예 작가들에게는 용기를 주고, 기존의 브랜드들은 도전하게 만들고 싶다."

콜레트는 전세계의 다양한 문화와 제품을 접하며 새로운 세계에 빠져들 수 있는 공간이다. 패션잡지 〈하퍼스 바자〉의 미국 편집장은 "콜레트에 가면 미쳐라"라는 말을 했을 정도다. 매장 1층에는 디자인, 인테리어, 예술 서

189

적과 잡지, 음반, 리미티드 에디션의 하이테크 제품, 시계 등이 있다. 필립 스탁, 톰 딕슨, 카림 라시드와 같은 디자인계 거물들의 제품도 눈에 띈다.

1층에서 가장 인기 있는 섹션은 '얼리 어댑터들의 천국'이라 불리는 유리 진열장 속의 '하이테크 코너'다. 라이카의 리미티드 버전 카메라, 모든 공정을 수작업으로 진행하는 럭셔리 핸드폰 베르투Vertu의 한정판 모델, 벨앤로스Bell & Rose의 시계에 이르기까지 첨단 기술의 끝을 달리는 물건들을 볼 수 있다.

계단을 통해 2층으로 올라가면 유명 패션 디자이너들이 최근 프레타포르테에서 선보인 따끈따끈한 컬렉션이 손님을 맞는다. 줄리앙 다비드의 스카프와 실크 원피스, 스텔라 매카트니의 드레스, 레페토의 발레리나 슈즈, 로저 비비에의 킬힐이 여심을 설레게 하고 멋쟁이 남자들을 위해서는 랑방의 스니커즈, 디올

Tip 콜 레 트   입 점   브 랜 드

여성 패션: Ashish, Carven, Charlotte Olympia, Coach, Comme des Garçons, Givenchy, Olympia Le-Tan, Pierre Hardy, Tiffany Cooper, Valentino.
남성 패션: Dior Home, Givenchy, Junya Watanabe, Marcelo Burlon, Moncler, Raf Simon, Maison Kitsune
뷰티: Bumble and Bumble, Byredo, Colbert M.D, Comme des Garçons, C.O Bigelow, Drunk Elephant, Edward Bess, Nasengold, Supersmile.

01

03

04

02

05

옴므나 라프 시몬스의 셔츠, 꼼 데 가르송이나 와타나베 준야의 재킷 등이 준비되어 있다. 일반 브랜드 매장에서는 찾아보기 힘든 희귀한 운동화나 가방 등이 있는 액세서리 코너는 놓쳐서는 안 될 코너다.

가게인지 패션 쇼룸인지 헷갈릴 정도로 독특하고 기발한 아이템으로 가득한 콜레트에 발을 들여놓으면 한두 시간은 훌쩍 지나고 만다. 아픈 다리도 쉴 겸 새로운 에너지가 필요할 때는 지하에 있는 워터 바에 가볼 만하다. 전세계 각지에서 공수해온 물과 함께 가벼운 식사도 할 수 있다. 럭셔리 브랜드 종사자들과 아티스트들이 즐겨 찾는 탓에 여기에서는 일 이야기를 함부로 할 수 없다는 말도 있지만, 끊임없이 모여드는 멋쟁이들을 바라보는 즐거움도 쏠쏠하다. 지금도 직접 물건을 고르고 매장에 디스플레이를 하는 오너, 사라가 말하는 콜레트의 비전은 '언제 와도 뜻밖의 반전을 통해 놀라움과 설렘을 느낄 수 있는 신선한 쇼핑 플레이스'다. 콜레트를 보면 그녀의 꿈은 이미 이루어졌다는 걸 알 수 있다.

주소: 213 rue Saint-Honoré 75001 Paris
교통편: M1 Tuileries에서 도보 2분
연락처: 01 55 35 33 90
영업시간: 월~토 11:00~19:00
www.colette.fr

모네와 그 친구들을
만나고 싶다면

오랑주리 미술관
Musée de l'Orangerie

2000년 12월 프랑스에 불어닥친 태풍은 파리와 그 근교에 있는 미술관들에 심각한 피해를 입혔다. 베르사유 궁전에서는 마리 앙투아네트 시절부터 내려오던 거목들이 뽑혀나갔으며, '오랑주리 미술관'은 건물 지붕이 날아가 6년에 걸쳐 보수공사를 해야 했다. 모네의 『수련』 연작을 비롯한 오랑주리 미술관의 컬렉션을 사랑하는 많은 이들은 몇 년 동안 이 미술관의 재개관을 손꼽아 기다렸다. 프랑스 정부에서는 이를 위해 건축가 올리비에 브로셰Olivier Brochet를 투입하여 공간을 거의 두 배로 확장하고 상층을 없애는 대신 모네의 전시실에 햇빛이 들도록 하고, 지하 전시실을 보강했다.

195

튈르리 정원 남서쪽에 있는 오랑주리 미술관은 그 이름에서 알 수 있듯 처음에는 오렌지 나무를 키우기 위한 온실이었다. 건물의 남쪽 면 전체는 햇빛이 잘 들도록 유리로 만들어졌다. 한때 병사들의 병영과 무기고 등으로 이용되다가, 프랑스 혁명을 거치면서 버려지기도 했다. 제1차세계대전이 막을 내린 1918년 11월 11일, 당시 78세였던 모네는 종전을 기념하는 뜻에서 자신의 대표작인 『수련』 연작 중 두 점을 기증하기로 했는데, 문제가 있었다. 바로 높이 2미터, 길이 91미터에 달하는 작품의 크기였다. 모네가 80세부터 6년 동안 그려낸 이 역작을 전시할 공간을 찾던 프랑스 정부의 눈에 띈 곳이 오랑주리였고, 1957년 미술관으로 문을 열기에 이른다.

모네의 『수련』 연작이 있는 방에 들어서면 평생을 그림에 바쳤던 한 예술가의 영혼이 느껴진다. 그의 작품은 두 개의 타원형 방에 전시되어 있으며, 첫번째 방에는 고요한 아침 연못의 풍경이, 두번째 방에는 땅거미 질 무렵의 잔잔한 연못이 펼쳐져 있다. 계단을 따라 지하로 내려가면 '폴 기욤&장 발터^{Paul Guillaume&Jean Walter} 컬렉션'과 만날 수 있다. 엄밀히 말하면 두 사람의 미망인이었던 도미니크 여사가 소유한 144점의 작품이 전시되어 있는데, 모딜리아니, 피카소, 세잔, 마티스, 르누아르, 루소 등 대가들의 작품을 볼 수 있다.

자동차 정비 사업을 하던 폴 기욤은 아프리카에서 자동차 수리에 필요한 고무를 수입하면서 아프리카 미술품을 모으기 시작했다. 자신의 공장에서 아프리카 미술 전시를 하기도 했는데 이를 눈여겨본 컬렉터나 부자들에게 작품을 판매하면서 부를 쌓았고, 탁월한 심미안으로 인상파 화가들의 작품을 모으기 시작하면서 파리 미술계에서 영향력 있는 컬렉터

01 르누아르에서 세잔까지 유명 화가들의 작품이 알차게 전시되고 있는 미술관 지하
02 우아함이 돋보이는 고가구 옆에 걸린 드가의 작품
03 04 05 회화 작품 위주로 전시되고 있는 미술관

Tip 근 처 의 또 다 른 미 술 관

사진에 관심 있는 사람이라면 주 드 폼 국립미술관^{Jeu de Paume}에 가볼 필요가 있다. 현대사진 작가들의 전시가 연중 계속 열리는 곳으로 자세한 전시 일정은 사이트(www.jeudepaume.org)를 통해 확인할 수 있다.

01

02

03

04

05

06

07

08

09

가 됐다. 안타깝게도 기욤은 42세라는 젊은 나이에 숨을 거두고, 그의 미망인은 부유한 건축가 장 발터와 재혼한다. 발터 역시 취미로 미술품 컬렉션을 시작했다가 막대한 부를 기반으로 인상파 작가들의 작품을 다수 사들였다. 발터가 세상을 떠난 후 두 남편의 컬렉션을 소유하게 된 도미니크 여사는 그중 일부를 기증했으며, 오랑주리 미술관에서 르누아르의 「피아노 치는 소녀」, 세잔의 「사과와 비스킷」, 앙리 루소의 「결혼식」, 마티스의 「붉은 바지의 여인」, 모딜리아니의 「빨강머리 소녀」, 위트릴로의 「노트르담 성당」 등을 볼 수 있게 됐다.

루브르 박물관이나 오르세 미술관에 비해 규모는 작지만 이처럼 알찬 컬렉션을 자랑하는 오랑주리 미술관은 파리에서 매력적인 미술관 중 하나임엔 틀림없다. 튈르리 정원 산책 중에 들르거나, 전시를 관람한 다음 정원을 산책해도 좋다.

199

10

요금: 일반 €9, 학생 €6.5(매달 첫째 주 일요일은 무료)
주소: Jardin des Tuileries 75001 Paris
교통편: M1·8·12 Concorde 에서 도보 2분
연락처: 01 44 77 80 07
개관시간: 수~월 9:00~18:00(17:15까지 입장 가능)
www.musee-orangerie.fr

예술가 가족들이 직접 디자인한
소규모 부티크 호텔

호텔 에드가

Hôtel Edgar

'호텔 에드가'는 룸이 열두 개에 불과한 소규모 부티크 호텔이지만 어디에서도 볼 수 없는 특별함을 간직하고 있다. 바로 각 방의 인테리어부터 작은 사인에 이르기까지 모든 것을 오너인 기욤 밀레Guillaume Millet의 가족과 친지들이 디자인했다는 점이다. 그의 가족과 친척들이 대부분 포토그래퍼, 일러스트레이터, 건축가, 디자이너 등 예술적 재능이 탁월한 이들이었기에 가능한 프로젝트였다.

기욤의 매형은 〈하늘에서 본 지구〉로 유명한 다큐멘터리 작가이자 항공사진작가로, UN환경계획의 명예홍보대사로도 활동했던 얀 아르튀스베르트랑Yann Arthus-Bertrand이다. 그는 처남의 호텔을 위해 '랄라 살라마Lala Salama, (잘자라는 케냐어 인사)'라는 이름의 방을 디자인해주었다. 주니어 스위트 급의 이 방은 얀이 케냐를 여행하다가 사파리의 가이드로 일했던 경험을 살려 재현한 것으로, 아프리카의 야생과 거대한 자연을 표현하고 있다. 그런가 하면 20여 년간 '모노프릭스Monoprix'라는 슈퍼마켓 체인의 디자이너로 활약하다가 지금은 '프티 바토Petit Bateau'라는 아동복 브랜드의 디자이너로 일하고 있는 기욤의 고모 카롤 코프만Carole Caufman은 딸을 위한 방을 꾸민다는 콘셉트로 '인 더 무드 오브 러브In the Mood of Love'라는 이름의 방을 디자인했다. 기욤의 삼촌 알랭 로랑스Alain Laurens는 나무 위에 집을 짓는 특별한 건축가로, 그가 디자인한 방 '라 카반느 페르셰La Cabane Perchée(나무 위의 집)'에 들어가면 온통 나무로 둘러싸인 공간이 펼쳐진다. 벽에는 그가 디자인한 수많은 나무집과 수채화 그림이 걸려 있다. 도시에선 느낄 수 없는 자연의 감성을 찾아 주말이면 이 방에 묵고 가는 사람들이 많다고 한다.

예약을 위해 호텔 사이트에 접속하면 근사한 사진을 볼 수 있는데, 이는 기욤의 사촌이자 포토그래퍼인 토마 밀레Thomas Millet의 작품이며, 호텔 내부의 그래픽 작업은 형인 다비드 밀레David Millet가 맡았다고 하니 가족 경영을 넘어 온 가족의 정성과 혼이 들어간 의미 있는 공간이 탄생한 셈이다.

에드가 호텔은 이렇듯 가족들의 끈끈한 정과 서로를 위하는 마음이 녹아 있는 공간이다. 어디를 둘러봐도 따뜻하고 편안한 느낌으로 가득하다. 차갑고 사무적인 체인 호텔에선 결코 만날 수 없는 정서다. 다만 관광지와 좀 떨어진 편이고, 원단공장이 밀집된 지역에 있어 접근이 다소 불편하다. 만일 호텔에 묵는 것이 부담이 된다면 지하 1층의 해산물 전문 레스토랑에 들러 간단히 식사를 하는 것으로 아쉬움을 달랠 수도 있겠다. 호텔 에드가의 테라스에는 늘 멋쟁이 파리지앵들로 넘쳐나니, 그들과 함께 여유로운 오후를 즐기는 것은 어떨까.

01 마블 만화의 주인공을 테마로 한 한 객실의 천장
02 만화 주인공이 객실을 점령했다.
03 04 사진가 얀 베르트랑이 디자인한 랄라 살 라 마 방
05 랄라 살라마 방은 사슴 뿔을 비롯하여 다양한 오브제가 낯선 나라로 떠나온 듯한 느낌을 준다.
06 통나무집을 테마로 한 객실인 라 카반느 페르셰는 톰소여의 모험을 연상케 한다.
07 해산물을 전문으로 하는 호텔 1층의 레스토랑

01

02

03

04

203

05

06

07

예산: €185±50

주소: 31 rue d'Alexandrie 75002 Paris

교통편: M4·8·9 Strasbourg-Saint-Denis에서 도보 5분

연락처: 01 40 41 05 19

www.edgarhotel.com

필립 스탁이 디자인한
최고로 '좋은' 레스토랑

봉
Bon

1999년 필립 스탁이 파리에서 최초로 디자인한 레스토랑으로 유명세를 탄 '봉'은 새로운 오너 파비안느 아마잘락Fabienne Amazalak이 운영을 맡은 다음부터는 한층 더 고급스러워졌다는 평가를 받고 있다. 아르데코 스타일의 타일로 꾸며진 입구를 통해 안으로 들어가면 식전주를 마실 수 있는 바가 있고, 조금 어두운 기다란 복도를 통과해 더 안쪽으로 들어가면 네오클래식 스타일의 홀이 나온다.

프랑스어로 '좋은'을 의미하는 봉의 콘셉트는 두 가지로 요약된다. '먹기 좋은' 그리고 '당신에게 좋은.' 디자이너 필립 스탁은 여기에 '아름다움'이라는 명제를 덧붙였다. 봉의 분위기는 독특하고 다양하다. 전혀 다른 스타일의 방이 여러 개가 있는데, 이를테면 식탁과 의자, 조명 모두 화이트로 통일해놓은 와인바 비노테크Vinothèque, 예술가의 서재처럼 꾸며놓은 비블리오테크Bibliothèque ('도서관' '서재'라는 뜻), 기업의 미팅 공간으로 자주 이용되는 부두아르Boudoir ('안방'이라는 뜻) 등이 있다. 그중 파리 16구의 고급 주택가에 자리한 봉의 화려함을 가장 잘 살린 곳은 바로크 스타일의 벽난로가 있는 부두아르 방이다. 그 밖에도 아프리카 민예품의 디테일이 강조된 의자, 우아한 샹들리에, 벽에 걸린 코뿔소 머리 장식 등, 예사롭지 않은 소품들이 눈길을 사로잡는다. 여름이면 녹음이 우거진 프로방스 정원에 앉아 있는 듯한 느낌을 주는 테라스가 최고의 인기를 자랑한다. 화창한 날이면 햇살과 경쾌한 음악을 즐기며 식사를 하려는 사람들로 테라스는 늘 만원이다.

봉의 오픈 멤버였던 셰프 브루노 브랑제아의 뒤를 이어 봉의 주방을 책임지게 된 셰프는 야닉 파팽Yannick Papin이다. 열다섯 살에 요리계에 입문한 활기 넘치는 젊은 셰프 야닉은 미슐랭 1스타 레스토랑 '장 이브 구호Jean Yves Gue-ho', 미슐랭 2스타 레스토랑 '미셸 로스탕Michel Rostang' 등에서 일해온 실력파다. 태국으로 여행을 갔다가 태국 음식의 매력에 빠졌다는 그는 유럽 스타일에 아시아 스타일을 접목시킨 퓨전 요리로 파리지앵들의 입맛을 사로잡고 있다. 지금도 6개월에 한 번씩 아시아 지역으로 여행을 떠나 최고의 레스토랑들을 다니며 영감을 얻고 있다고. 그의 요리는 기름기가 적고 담백한 것이 특징이며, 태국의 약간 매콤한 바질인 홀리 바질을 즐겨 사용한다. 바질과 채

01 필립 스탁의 디자인 철학이 녹아 있는 모던 스타일의 레스토랑 내부
02 미슐랭 스타 레스토랑에서 경력을 쌓은 셰프 야닉 파팽이 주방을 지휘한다.
03 04 05 아시안과 유럽 스타일을 믹스한 퓨전은 독특한 매력이 있다.

Tip 봉의 추천 메뉴

전식으로는 파파야와 매콤한 허브가 들어간 새우 샐러드Salade crevettes, papaya verte, herbes épicées, 망고와 새우를 곁들인 아보카 타르타르Tartare d'avocat, mangue et crevettes를 추천하며, 본식으로는 다섯가지 향이 들어간 삼겹살Travers de porc aux cinq parfums, 소금과 후추가 들어간 오징어Calamars sel et poivre noir, 스파이시 누들이 들어간 랍스터Lobster spicy noodles를 추천한다.

03

04

05

06

07

08

09

10

11

12

06 코뿔소와 아프리카 조각과 같은 에스닉한 소재도 데커레이션의 일부

07 08 감각적인 사진 작가들의 사진은 공간에 포인트로 이용된다.

09 비블리오테크를 테마로 한 공간

10 아르누보 스타일의 타일로 장식된 레스토랑 외관

11 아늑한 비즈니스 공간, 부두아르

12 식사를 즐기기 전 간단히 한잔을 즐길 수 있는 살롱

소로 만든 베트남식 만두, 크리스피한 밥을 곁들인 푸아 그라, 상큼한 라임과 매운맛이 함께 느껴지는 쇠고기 샐러드 등의 전식, 달콤한 소스의 닭 요리, '은대구와 된장 요리'로 유명해진 일본인 셰프 마츠히사 노부의 은대구 요리 등의 본식이 유명하다. 후식으로는 망고와 코코넛을 넣어 만든 독특한 스프, 장미와 딸기, 그리고 리치가 들어간 파나코타의 맛이 특별하다.

211

예산: 점심 €27.50~, 일요일 브런치(12:00~16:00) €42

주소: 25 rue de la Pompe 75116 Paris

교통편: M9 La Muette에서 도보 4분

연락처: 01 40 72 70 00

영업시간: 월~목 12:00~14:30, 19:30~23:00

　　　　　 금~일 12:00~14:30, 19:30~23:30

www.restaurantbon.fr

레 코코트
Les Cocottes

파리에는 놀랄 정도로 비싼, 그러나 그에 상응하는 맛의 신세계를 열어주는 파인 다이닝이 참 많지만, 가볍게 즐길 수 있는 프렌치 가정식을 내놓는 비스트로도 그에 못지않게 많다. 파리 7구 생 도미니크^{Saint Dominique} 거리에 있는 '레 코코트' 역시 맛에 일가견이 있는 사람들 사이에선 소문난 비스트로다. 레 코코트는 TV 요리 프로그램 〈톱 셰프〉의 심사위원이기도 한 유명 셰프 크리스티앙 콩스탕^{Christian Constant}이 어머니의 요리를 대중에게 선보이고 싶어서 문을 연 곳이다.

같은 거리에 미슐랭 2스타에 빛나는 장 프랑수아 피에주의 레스토랑, 오바마 미국 대통령이 방문해서 더욱 유명해진 '라 퐁텐 드 마르스^{La Fontaine de Mars}' 같은 걸출한 레스토랑이 즐비하지만, 이 집이 유명해진 데는 스타우브^{Staub}라는 브랜드의 무겁고 튼튼한 주물냄비에 음식을 서브하는 방식에 있다. 기본에 충실하되 골고루 영양을 섭취할 수 있는 음식에 푸짐함까지 덤으로 얹었으니 찾는 이들이 많을 수밖에 없다. 그가 스타우브 냄비를 사용하게 된 것은 이 회사의 창업자인 프란시스 스타우브와의 오랜 인연 때문이다. 레 코코트에서는 디저트까지 스타우브의 냄비에 서브된다.

레 코코트는 예약을 받지 않으며, 공간도 식탁 없이 긴 바만 설치해놓아 매우 심플하다. 인터넷 사이트를 둘러봐도 전화번호조차 없으니 예약하지 말고 그냥 오라는 소리다. 이는 그의 요리 철학에서 비롯한 것이다. 그에게 요리는 과시의 수단이 아니라 좀더 많은 이들이 즐겨야 하는 것이기에, 아는 사람들끼리 테이블을 차지하는 것보다 모르는 옆사람과 이야기를 나눌 수 있을 정도로 친밀한 곳이 되길 바라는 마음을 담은 것이다.

쫄깃쫄깃한 대구 요리, 작은 프라이팬에 익힌 감자와 족발 요리, 양의 어깨 부분을 바삭하게 구운 콩피Confit는 머릿속에 떠올리는 것만으로도 군침이 돌고, 계절 특선인 비둘기 요리는 그 특별한 맛 때문에 파리지앵들이 무척 즐겨 찾는다. 바스크 지역에서 생산되는 블랙체리 잼과 함께 나오는 치즈나 셰프 크리스티앙 콩스탕의 간판 메뉴 중 하나인 초콜릿 타르트는 늘 행복한 뒷맛을 남겨준다.

뒷이야기 하나. 라 퐁텐 드 마르스가 오바마 대통령이 들러서 유명세를 탔다면, 레 코코트는 사르코지 프랑스 전 대통령이 드나들면서 유명해졌다.

파리지앵들만 아는 팁

레 코코트에 자리가 없을 때는 같은 주인이 하는 이웃한 레스토랑 카페 콩스탕Cafe Constant 또는 르 비올롱 댕그르Le violon d'Ingres에 가도록 하자.
카페 콩스탕은 프렌치 가정식 스타일로 레 코코트보다 조금 더 저렴하며, 르 비올롱 댕그르는 미슐랭 1스타로 고급 프렌치 요리를 즐길 수 있다.

214

01 바 스타일로 꾸며진 레스토랑 내부
02 집에서도 요리를 즐길 수 있도록 쉽게 쓰인 오너 셰프의 책이 보인다.
03 주물냄비에 조리한 아구와 새우 요리
04 스타우브와 콜라보레이션하여 만드는 주물냄비인 레 코코트는 거의 모든 요리를 만드는 데 사용된다.
05 연예인처럼 유명인사가 된 셰프 크리스티앙 콩스탕

예산: 점심 전식+본식 또는 본식+후식 €23, 전/본/후식 €28, 저녁 €30~50

주소: 135 rue Saint-Dominique 75007 Paris

교통편: M8 La Tour-Maubourg에서 도보 11분

영업시간: 12:00~15:30, 18:30~22:30(금·토는 23:00까지)

www.maisonconstant.com/les-cocottes

에펠탑에서 만나는
로맨틱한 식탁

르 쥘 베른
Le Jules Verne

『15소년 표류기』, 『80일간의 세계일주』, 『해저 2만리』. 누구나 한번쯤은 들어보았을 이 작품들의 저자는 한 사람, 바로 쥘 베른이다. 이 천재 소설가의 이름을 딴 레스토랑은 에펠탑 2층에 있는데, 이곳에 가기 위해선 남쪽 기둥 Pilier Sud에 있는 전용 엘리베이터를 타면 된다.

레스토랑에 들어서면 해발 125미터 높이가 선사하는 전망이 가장 먼저 품에 안긴다. 창밖으로 아름다운 부채꼴 형태의 샤요 궁Le Palais de Chaillot과 센 강을 유유히 운항하는 유람선 등이 펼쳐지고, 해질녘이면 눈부시게 아름다운 육군사관학교 건물과 에펠탑 아래 잔디밭에 누워 휴식을 취하는 파리지앵들도 보인다. 프랑스에서 가장 뛰어난 인테리어 디자이너로 평가받는 파트릭 주앵이 디자인한 '르 쥘 베른'은 가구부터 식기에 이르기까지 완벽하게 고급스럽고 화려하다. 이 공간에 앉아 있다는 이유만으로 사람들까지 반짝거리는 것 같다.

르 쥘 베른은 한때 미식가들의 혹평을 받으며 위기를 맞은 적이 있지만, 셰프이자 사업가인 알랭 뒤카스Alain Ducas가 쥘 베른을 인수한 다음엔 미슐랭 1스타 레스토랑으로 격상되었다. 그는 플라자 아테네 호텔을 비롯해 자신의 밑에서 오랫동안 경험을 쌓아온 성실하고 센스 있는 셰프 파스칼 페로Pascal Feraud를 주방 책임자로 고용했으며, 메뉴부터 테이블웨어까지 세심하게 조율한 다음에 식탁에 내놓았다.

좋은 레스토랑이라면 반드시 갖춰야 하는 와인 셀렉션을 위해 실력 있는 소믈리에 로베르토 아마데이Roberto Amadei를 영입한 것 역시 뒤카스다.

이제 르 쥘 베른에선 환상적인 풍광과 아름다운 인테리어 못지않은 맛을 즐길 수 있다. 꽃양배추와 채소를 곁들인 새우 요리, 캐비어와 샐러리를 곁들인 푸른 바닷가재 요리, 트뤼플 버섯을 얇게 썰어 얹은 가리비 요리 등은 이미 르 쥘 베른을 대표하는 시그너처 메뉴가 됐다. 마무리는 머랭 위에 휘핑크림을 올리고 그 위에 밤 크림을 더한 몽블랑을 디저트로 하면 절대 후회하지 않을 것이다.

르 쥘 베른에서 식사를 하려면 반드시 예약을 해야 한다. 특히 연말에는 한 달 전엔 예약을 해야 자리를 잡을 수 있다. 예산은 평일 점심 90유로, 평일 점심 와인 포함 125유로, 주말과 공휴일 점심 175유로, 저녁 210유로, 저녁에 와인 포함 310유로 정도로 잡으면 된다.

01 쥘 베른의 멋진 요리를 책임지는 셰프 파스칼 페로의 늠름한 모습
02 시원한 로제 샴페인으로 식사를 시작하는 것이 베스트
03 멋진 데커레이션을 보여주는 푸아 그라
04 05 06 멋진 풍광이나 분위기에 못지않게 아름답게 꾸며진 플레이팅

01

03

04

05

06

02

예산: 점심 €98, 저녁 €185~230

주소: Tour Eiffel, avenue Gustave Eiffel

　　　75007 Paris(Pilier Sud 전용 엘리베이터 이용)

교통편: M6 Bir-Hakeim에서 도보 7분,

　　　RER C Tour Eiffel에서 도보 4분

연락처: 01 45 55 61 44

영업시간: 12:00~13:30, 19:00~21:30

www.lejulesverne-paris.com

파리의 제이미 올리버를
만나고 싶다면

르 캥지엠
Le Quinzième

잘생긴 젊은 셰프가 전 세계를 무대로 요리 여행을 떠나고, 요리와 문화를 소개하는 프로그램에 패널로 등장해 요리는 물론 사회 문제까지 소신 있게 발언한다. 나아가 아이들에게 균형 잡힌 급식을 먹이기 위해 학교 식단을 개선시킨다. 여기까지 들으면 영국의 셰프이자 사회운동가 제이미 올리버가 떠오르겠지만 프랑스인들은 다른 인물을 떠올릴지도 모른다. 프랑스에도 제이미에 비견될 만한 멋진 셰프가 있다. 바로 스타일리시한 차림새와 허스키한 목소리, 그리고 유머 감각이 매력적인 시릴 리냐크Cyril Lignac다.

프랑스에선 요리 여행 프로그램을 통해 대중에게 친숙한 인물로 자리잡은 그는 연예인 못지않은 인기를 누리고 있다. 1977년생인 리냐크는 아르페주, 자르댕 데 상스, 메종 블랑슈 등 유명 레스토랑에서 기본기를 탄탄히 익힌 다음 자신의 첫 레스토랑 '르 캥지엠'을 오픈했다. 르 캥지엠이 미슐랭 1스타를 받으며 성공을 거두자 리냐크는 2008년, 프랑스 문화재로 지정받은 건물에 위치한 전통의 비스트로 '르 샤르드누Le Chardenoux'를 인수한다. 2011년에는 생제르맹데프레 지역에 '르 샤르드누 데 프레Le Chardenoux des près'를, 이어서 유명 파티셰 브누아 쿠브랑Benoît Couvrand과 의기투합해 '라 파티스리 시릴 리냐크La Pâtisserie Cyril Lignac'를 잇따라 열면서 사업을 확장해나갔다.

요리 커리어가 스스로의 노력으로 이룬 것
이라면, 미디어를 통해 그를 알린 곳은 비비안
고드프루아Bibiane Godfroid 프로덕션이다. 제이미
올리버의 〈제이미의 키친〉 방송 판권을 사들
여 프랑스에서 방영한 바 있는 이 프로덕션은
일찌감치 잘생긴 외모뿐 아니라 요리에 대한
지식과 위트까지 갖춘 리냐크를 위한 프로그
램을 준비해왔다. 리냐크는 〈네, 셰프Oui, chef!〉
를 통해 요리를 배우는 신참들의 좌충우돌 이
야기를 보여주고, 〈학교 급식 만세!Vive la Cantine!〉
라는 프로그램에서는 프랑스 전역의 학교 급
식 수준을 향상시키는 프로젝트를 진행했다.
이후에도 최고의 요리사를 선발하는 〈톱 셰
프〉, 〈프랑스의 요리사들Chef en France〉 같은 프
로그램에서 진행자 또는 심사위원으로 참여했
다. 거기에 휴대폰 광고 모델을 한다거나, 픽사
의 애니메이션 〈라따뚜이〉 프랑스판에서 성우
로도 활약했을 정도니 그의 유명세가 얼마나
대단한지 짐작이 갈 것이다.

리냐크의 첫 걸음이 새겨진 레스토랑 르 캥
지엠은 과거 시트로엥 자동차 공장이 있었던
곳을 공원으로 조성한 앙드레 시트로엥 공원
Parc d'Andre Citroën 근처에 있다.

주요 메뉴로는 레몬과 오렌지 캐러멜 소스
로 살짝 맛을 내고 향신료를 접시에 뿌린 채
나오는 감성돔 요리, 화이트 와인과 버섯, 삶
은 달걀, 콩테 지역의 치즈 등이 어우러진 닭

222

01

03

02

04

요리, 노르망디산 농어를 종이처럼 얇게 썰어 올리브 오일을 곁들여 먹는 요리가 있다. 그 밖에 부르봉 바닐라 슈크림을 얹은 라즈베리와 초콜릿 케이크, 그리고 보클루즈산 산딸기와 시칠리아산 피스타치오가 함께 나오는 아이스크림 등이 인기가 많은데, 주문은 단품과 풀코스 모두 가능하다.

주중에 점심식사를 예약하면 49유로에 먹을 수 있는데, 그것도 좋지만 르 캥지엠에 갈 계획이 있다면 '데귀스타시옹 메뉴Menu dégustation('시식 메뉴'라는 뜻)' 코스 요리를 추천하고 싶다. 가격은 점심의 두 배에 가깝지만, 잊지 못할 한 끼 식사의 추억으로 남을 만큼 탁월하다. 식사를 하다가 우연히 리냐크를 보게 된다면 그건 그야말로 즐거운 덤이 될 것이다.

225

예산: 점심 €59, 저녁 €110
주소: 14 rue Cauchy 75015 Paris
교통편: M10 Javel에서 도보 3분
연락처: 01 45 54 43 43
영업시간: 월~금 12:00~14:30, 19:45~22:00
www.restaurantlequinzieme.com

아르페주
Arpège

로댕 미술관과 나폴레옹이 잠들어 있는 앵발리드 사이에 있는 '아르페주' 레스토랑은 프랑스 요리계를 이끄는 선두주자 알랭 파사르 Alain Passard 가 운영하는 최고급 레스토랑이다. 음악가 집안에서 태어난 파사르는 지금도 색소폰 연주를 종종 할 정도로 음악을 사랑해 레스토랑 이름도 '펼침화음'이란 뜻의 음악 용어 '아르페지오'에서 따왔다고 한다.

식재료는 파리 근교에 있는 농장에서 직접 재배할 정도로 엄격한 요리사이면서 동시에 예술과 패션 등 다방면으로 조예가 깊어 그의 음식엔 늘 예술적 감수성이 넘친다. 그의 플레이팅은 마치 인상주의 화가의 작품처럼 아름다운데, 한번은 자신의 요리를 종이로 표현해 잘라낸 콜라주 전시를 열어 화제가 되기도 했다.

아르페주는 『미슐랭 가이드』에서 3스타라는 최고 평점을 받기도 했지만, 미국의 레스토랑 평가 매체인 〈자가트 Zagat〉에서는 인테리어가 너무 평범하다며 혹평을 받기도 했다. 물론 파사르는 이런 세간의 평가엔 아랑곳하지 않는다. 그저 화려한 장식보다는 기본에 충실하면서 요리에 집중할 뿐이라고 말한다.

테이블 위에 소담스럽게 올려놓은 채소를 보면 아르페주의 음식에 사용되는 재료들이 얼마나 싱싱한지 알 수 있다. 아르페주에서는 파리 근교의 농장은 물론 다른 세 군데의 자체 농장에서 재배한 식재료들로 음식을 만드는데, 이는 파사르가 평생 지켜온 '좋은 재료만이 좋은 음식을 만들 수 있다'는 원칙을 지키기 위한 노력이다. "채소로 만든 요리가 왜 그리 비싸냐"는 비난 섞인 반응도 있지만, 자연에서 정직하게 얻은 재료에 들인 정성을 고려하면 이해가 안 되는 가격도 아니다.

채소를 많이 사용하긴 하지만 채식 레스토랑이 아니므로 당연히 고기와 생선 요리도 있다. 파사르는 매년 다양한 허브와 향신료를 활용해 새로운 레시피를 선보이고 있는데, 미각과 시각이 극상의 조화를 이룬 그의 요리, 아니 그의 작품을 보면 탄성이 절로 나온다.

브르타뉴 지방의 에메랄드 해변에서 직송된 가리비를 얇게 썰어 무를 함께 올린 접시를 시작으로, 채소로 만든 프랑스식 만두, 트뤼플 버섯, 야생에서 잡은 연어와 파사르의 농장에서 키운 마늘과 버섯을 구운 요리 등 미뢰 끝까지 건드리는 맛의 향연은 평생 잊지 못할 기억으로 남기에 충분하다. 음식이 어느 정도 서브되고 나면 테이블 사이를 오가며 고객에게 인사를 건네고 이야기를 나누는 셰프의 친절한 모습도 여느 레스토랑에서는 쉬이 볼 수 없는 풍경이다.

228

01 화가처럼 그림을 그리듯 플레이팅을 완성하는 요리사
02 과하지 않은 인테리어, 그러나 정중한 무게감이 느껴진다.
03 패션 감각이 뛰어난 알랭 파사르는 채식을 위주로 하는 레스토랑 중 유일하게 미슐랭 3스타의 영예를 거머쥐었다.
04 05 보기에도 건강한 채식 위주의 식단은 늘 신선한 재료로만 만들어진다.

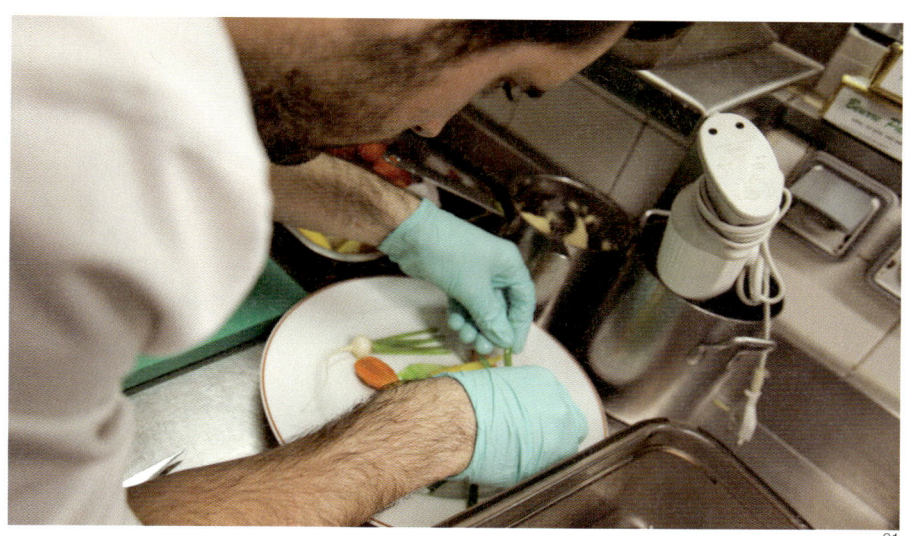

01

02

04

05

03

예산: €135~500

주소: 84 rue de Varenne 75007 Paris

교통편: M13 Varenne에서 도보 3분

연락처: 01 47 05 09 06

영업시간: 월~금 12:00~14:30, 19:00~22:00

www.alain-passard.com

장 프랑수아 피에주

Jean François Piège

'장 프랑수아 피에주'는 호텔 코스테를 비롯해 파리에만 30여 개의 호텔, 바, 레스토랑을 운영하고 있는 그룹 코스테와 '프랑스 요리계의 앙팡 테리블'로 불리는 스타 셰프 장 프랑수아 피에주가 의기투합해 오픈한 고급 레스토랑이다. '알랭 뒤카스 오 플라자 아테네', 크리용 호텔의 '레 장바사되르Les Ambassadeurs' 등 최고급 호텔 레스토랑의 주방을 지휘해온 그가 자신의 이름을 내건 레스토랑 및 부티크 호텔과 과거 유명 비스트로였던 '투미외Thoumieux'를 한 건물에 런칭하기 위해 공들인 시간은 3년에 달한다.

우선 그는 2009년에 투미외의 프랑스 가정식 메뉴를 한 단계 업그레이드시켜 오픈하고, 2011년에는 트렌드 세터들을 겨냥해 각 방마다 개성적인 디자인을 적용한 부티크 호텔을 열었다. 레스토랑은 정해진 메뉴 없이 그날그날 재료에 따라 새로운 메뉴를 선보이는 '가스트로노미'(미식가들을 위해 최고급 요리를 선보이는 레스토랑)로 문을 열었다. 피에주가 혼신의 노력을 기울인 이 레스토랑은 곧 미슐랭 2스타의 영예를 차지했을 뿐만 아니라, 6천여 명의 요리사와 소믈리에, 파티셰, 요리평론가 등이 최고의 셰프를 뽑는 행사에서 1등으로 추천되면서 성공가로를 달리기 시작했다.

파리의 트렌드를 이끌어가는 디자이너 인디아 마다비India Mahdavi가 디자인한 이 레스토랑에는 곳곳에 애니멀 프린팅 쿠션과 소파가 놓여 있어 마치 친구의 응접실에 초대된 것 같다. 오픈 키친에서 들려오는, 냄비에서 무엇인가가 보글보글 끓는 소리, 프라이팬 위에서 뭔가 구워지는 맛있는 소리, 조리도구가 부딪치며 달그락거리는 경쾌한 소음이 기대감을 한껏 높인다.

피에주의 요리 스타일은 최상의 재료를 사용하고, 재료 자체의 맛이 달아나지 않도록 불의 사용을 최소화하는 것이다. 트뤼플 버섯과 시금치, 송로버섯 즙과 올리브 오일로 만든 샐러드, 닭고기와 양송이 버섯, 화이트 와인 소스를 곁들인 바닷가재 요리는 비싼 만큼 그 가치를 충족시킨다.

피에주의 단품 요리à la carte는 119~149유로선이며, 점심 메뉴는 99유로로 상대적으로 저렴한 편이지만 그것도 부담스럽다면 같은 건물 1층에 있는 '브라스리 투미외'로 발길을 옮겨도 좋다. 프랑스 전통 가정식에 피에주의 손길이 닿은 요리들을 맛볼 수 있는데, 평일에 제공되는 오늘의 메뉴는 29유로면 충분하다.

01 그린과 블루가 지배적인 시크한 레스토랑 내부
02 다양한 맛의 향연을 위한 준비 단계인 식전 음식
03 달콤한 크렘 브륄레는 가장 인기 있는 디저트 중 하나
04 매일 다른 메뉴를 보여주는 서프라이즈가 손님들을 기다린다.
05 프랑스 요리계의 악동 장 프랑수아 피에주

01

03

04

02

05

예산: 점심 €99, 저녁 €200~254

주소: 79 rue Saint–Dominique 75007 Paris

교통편: M8 La Tour Maubourg에서 도보 8분

연락처: 01 47 05 49 75

영업시간: 월~금 12:00~14:00, 19:00~21:30

www.thoumieux.fr

케 브랑리 미술관

Musée du Quai Branly

2006년 개관한 '케 브랑리'는 아프리카, 미주, 오세아니아 등지에서 수집한 30여만 점의 원시미술 작품을 전시하는 미술관으로 우여곡절이 많은 곳이다. 자크 시라크 전 대통령의 추진으로 건립된 이 미술관에는 무려 2억 3천만 유로라는 막대한 예산이 투입됐다. 퐁피두 센터, 미테랑 도서관 등 역대 대통령을 기념한 다양한 공공시설은 이전에도 있었기에 이례적인 일은 아니었지만, 당시 정권이 재정난에 허덕이던 터라 이런저런 구설수에 오르기도 했다.

뿐만 아니라 제국주의 시절 프랑스가 식민지로부터 약탈해온 문화재나 예술 작품들을 한자리에 모아놓은 미술관의 콘셉트 자체를 비판하는 목소리가 높았고, 이름을 지을 때 '원시'라는 단어를 넣으려 했는데 이것이 또 '서양의 것이 아니면 전부 원시적인 것이냐' 하는 논쟁을 불러일으키기도 했다.

이렇게 시끄러운 논란 속에서 태어났지만, 정작 케 브랑리 미술관은 한가롭기만 하다. 바람 부는 날 식물원을 방불케 하는 이곳의 정원을 거닐면 조용한 언덕 위에 올라온 것 같은 느낌이 든다. 안으로 들어가면 방대한 컬렉션에 놀라게 된다. 인류 박물관과 아프리카·오세아니아 문명사 박물관이 소장하던 30만 점의 작품을 한자리에 모아놓았는데, 그중 세계문화유산 3,500여 점이 영구 전시 중이다. 원

235

시 토템과 고대 토기, 의복, 민속악기 등이 시대와 지역에 따라 분류된 전시물들을 보고 있으면 이런 광경을 케 브랑리 말고 또 어디에서 볼 수 있을까 싶을 정도로 그 면면이 대단하다. 프랑스는 물론 전 세계에서 이렇게 다양한 문화를 접할 수 있는 미술관은 흔치 않을 것이다.

설계를 맡은 건축가 장 누벨Jean Nouvel은 '숲과 강의 상징, 그리고 죽음과 망각에 대한 강박'을 테마로 이 미술관을 설계했다고 한다. 그 말처럼 케 브랑리 미술관은 유리판과 자연목, 콘크리트가 자연과 식물을 통해 하나로 융합되는 앙상블을 만들어내고 있다. 200미터 길이의 나선형 경사로로 연결된 내부는 지붕의 테라스까지 이어져 있으며, 미술관과 정원과 센 강을 구분짓는 수직벽 안에는 15,000여 종의 식물이 자라고 있다.

에펠탑이 보이는 케 브랑리 미술관 5층에 들어서 있는 레스토랑 '레종브르Les Ombres'는 장 누벨이 테이블과 의자, 식기까지 직접 고른 것으로 알려져 있다. 셰프 장 프랑수아 오용 Jean François Oyan이 내놓는 요리는 프렌치를 기본으로 하되 미술관의 콘셉트에 맞게 아시아, 오세아니아, 아프리카 등에서 가져온 향신료와 허브 등을 사용한 퓨전 스타일이 주를 이룬다.

01 에펠탑을 배경으로 한 이색 미술관
02 미술관으로 향하는 복도에 투영된 멀티미디어 영상물
03 04 05 아프리카와 아메리카, 아시아와 같은 다양한 지역에서 발굴된 토속 공예품이 여기의 주인공들이다.
06 관람객들의 동선을 고려해서 설계된 전시공간

01

02

03

04

05

06

입장 요금: €10.10∼15.70

주소: 37 quai Branly 75007 Paris

교통편: RER C Pont de l'Ama에서 도보 3분,
　　　　M9 Léna에서 도보 15분

연락처: 01 56 61 70 00

개관시간: 화·수·일 11:00∼19:00,

목·금·토 11:00∼21:00

www.quaibranly.fr

팔레 드 도쿄
Palais de Tokyo
파리시립근대 미술관
Musée d'Art Moderne de la Ville de Paris

예술의 도시 파리에서 현대미술의 현주소를 알고 싶다면 어디로 가야 할까? 퐁피두센터를 떠올릴 사람들이 많겠지만, 좀더 창조적이고 핫한 현대미술, 특히 신진 작가들의 파격을 접하고 싶다면 '팔레 드 도쿄'로 가야 한다. 이름에 '도쿄'라는 단어가 들어가 '일본의 궁전' 쯤으로 그 뜻을 오해하는 이들도 종종 있지만, 이런 이름이 붙은 데에는 그럴 만한 까닭이 있다. 이 미술관이 과거 파리에서 열린 국제박람회 당시 '일본관'으로 지어진 건물에 있기 때문이다. 또 예전에는 이 건물이 있던 거리 이름이 '도쿄 가Avenue de Tokyo'였던 이유도 있다.

팔레 드 도쿄에서는 회화는 물론 사진, 설치작품, 영화, 디자인, 비디오, 무용, 조각 등 장르의 구분 없이 작품 전시를 하고, 종종 강연회와 음악회, 패션쇼가 열리기도 한다. 이곳의 특징은 상설 전시가 없다는 점이다. 어떤 전시를 한번 놓치면 적어도 여기에서는 같은 작품을 다시 볼 수 없다는 뜻. 팔레 드 도쿄가 지금처럼 현대미술의 성소로 주목받게 된 것은 큐레이터 제롬 상스Jérôme Sans와 니콜라 브리오Nicolas Bourriaud의 공이 컸다. 미술관이 아니라 차라리 파티장에 가깝다는 반응이 있었을 정도로 두 사람은 장르의 경계는 물론 장소의 경계도 허물어버리고 현대미술의 새로운 방향성을 제시하면서 팔레 드 도쿄의 정체성을 확립해나갔다.

이곳의 레스토랑과 카페 역시 사람들이 팔레 드 도쿄를 찾는 큰 이유 중 하나다. 오랫동안 팔레 드 도쿄를 지켜온 레스토랑 '도쿄 잇Tokyo Eat'은 네오 브라스리 형태로 운영되며, 음식은 일식보다는 월드 푸드를 지향한다. 라임과 생강, 흑설탕을 넣은 음료 '파리 바마코Paris-Bamako'나 모히토와 수박을 넣어 만든 칵테일 '크레이지 젠Crazy-Jen'은 늘 인기 만점이고, 땅콩 소스와 오븐에 구운 가지를 곁들인 도미 요리도 훌륭하다. 장난스럽고 기묘한 화장실도 구경삼아 가볼 만하다.

2013년에 문을 연 두번째 레스토랑 '무슈 블뢰Monsieur Bleu'는 도쿄 잇보다는 포멀한 스타일로, 조용한 미팅 장소를 원하는 아티스트들이 주로 찾는다. 음식은 심플한 전통 요리 위주로 나온다.

마지막으로, 최근 팔레 드 도쿄가 더욱 젊게 변신한 데 크게 한몫한 클럽 '요요Yoyo'도 빼놓을 수 없다. 이전에 '시네마테크 프랑스'였던 공간에 들어선 요요에서는, 낮에는 컨퍼런스와 콘서트, 패션쇼가 열리고 밤이 되면 파리의 젊은이들이 모여드는 핫한 클럽으로 변신한다.

'파리시립근대 미술관'은 팔레 드 도쿄 동쪽 건물에 들어서 있다. 과거 뤽상부르 미술관의 작품들과 지금은 사진 전시를 주로 하는 주 드 폼 미술관에 있던 작품들을 옮겨와 전시하

01

02

03

04

고 있다. 태어난 지 100년이 안 된 작가들의 작품을 전시한다는 원칙에 따라 이브 클라인, 니키 드 생팔, 백남준을 비롯해 1960년대 아 방가르드 미술작품과 최근에 추가된 피터 도 이그, 필립 파레노, 크리스토퍼 울, 다미앵 카 반 등의 작가들 작품을 만날 수 있다. 특히 '라 울 뒤피의 방'과 '앙리 마티스의 방'은 꼭 둘러 볼 것. 상설 전시는 무료로 입장할 수 있다.

팔레 드 도쿄
주소: 13 avenue du Président Wilson 75116 Paris
교통편: M9 Léna에서 도보 4분
연락처: 01 81 97 35 88
개관시간: 수~월 12:00~24:00
www.palaisdetokyo.com

파리시립근대 미술관
주소: 11 avenue du Président Wilson 75116 Paris
교통편: M9 Léna 에서 도보 4분
연락처: 01 53 67 40 00
개관시간: 목 10:00~22:00, 화~일 10:00~18:00
www.mam.paris.fr

세인트 제임스 파리
Saint James Paris

누구나 한 번쯤 꿈꾸어보았을 완벽한 공간을 현실에서 만난다면 어떤 느낌일까? 비밀의 정원처럼 높은 담장에 가려져 있던 공간을 하나하나 열어가는 기분은 또 어떨까? 아름다운 분수와 녹음을 거느린 사랑스러운 건물 앞에 서면 마침내 환상이 형체를 얻기 시작한다. 문을 열고 들어가면 붉은 카펫이 끝까지 깔려 있는 높은 계단이 어서 오라고 손짓을 한다. 1층 로비를 지나 바 공간으로 들어서면 머릿속 혹은 영화에서나 존재하던 고풍스럽고 아름다운 서재가 나타난다. 이쯤 되면 꿈이 끝나지 않길 바라게 된다. 환상과 현실의 경계를 모호하게 만드는 이곳은 호텔 '세인트 제임스 파리'다.

세인트 제임스 파리의 역사는 1892년에 시작되었다. 프랑스의 전 대통령 아돌프 티에르의 부인이 남편의 업적을 기리기 위해 재단을 설립하면서 이 건물을 지었고, 처음에는 인재들을 위한 기숙사와 대학교가 들어서서 1985년까지 한 세기에 걸쳐 수많은 젊은이들이 스쳐갔다. 이후 영국인 부호가 건물을 사들여 영국식 전통 프라이빗 클럽으로 이용했다. 호텔로 사용되기 시작한 것은 1991년부터다. 생제르맹데프레 근처에서 4성급 호텔 '를레 크리스틴Relais Christine'을 운영하던 올리비에 베르트랑Olivier Bertrand이 프라이빗 클럽을 먼저 인수하고 2008년 호텔 시설을 갖추기 위한 리

노베이션 작업에 착수했다. 이를 위해 뉴욕에서 활약하던 유명 인테리어 디자이너 밤비 슬론Bambi Sloan을 불러들였다. 그녀는 영국식 프라이빗 클럽의 고풍스러움을 유지하면서 프랑스 건축양식의 우아함을 결합시켜 지금의 세인트 제임스 파리를 탄생시켰다. 슬론의 디자인은 프랑스 미디어들로부터 '픽션과 현실을 넘나들며, 역사적이면서도 영화적인 공간이 탄생했다'는 극찬을 들을 정도로 성공적 이었다.

이 호텔의 객실은 총 48개로, 19세기 부르주아 가정의 스타일을 다양하게 재현하고 있으며, 20세기초 유명 장식 예술가로 활동한 마들렌 카스탱부터 화가 르네 마그리트, 아름다운 황후 오스트리아의 엘리자베스의 방까지 다양한 카테고리로 나뉘어 있다. 인터넷 사이트를 통해 원하는 타입의 방을 선택하고 예약할 수 있다.

정원으로 시선을 돌리면 또 다른 신세계가 펼쳐진다. 과거 호텔 부지가 열기구를 위한 활주로로 이용되던 역사를 기념하는 뜻으로 반구 모양의 열기구 모형이 놓인 테라스가 있는

01 06 차분한 스타일로 꾸며진 주니어 스위트 룸은 중년에게 인기있다.
02 깔끔한 코발트 컬러의 스위트 룸
03 레드 컬러로 칠해진 벽은 강렬한 느낌을 준다.
04 가족들이 머물기에 좋은 스위트 룸에 별도로 마련돼 있는 살롱
05 부르주아의 아파트를 방문한 것 같은 느낌을 주는 욕실
07 디자이너의 센스 있는 터치로 모던한 수페리어 객실에 새 생명이 주어졌다.
08 화이트가 지배적인 청아한 스타일의 객실

---

tip 호 텔 레 스 토 랑 이 용 시 간
세인트 제임스 호텔 내의 레스토랑은 2014년 미슐랭 1스타를 받은 비르지니 바스로Virginie Basselot가 지휘한다. 주의할 점은 레스토랑은 오후 7시 이전에는 세인트 제임스 클럽 멤버만 출입이 허용된다. 일반인은 저녁식사만 가능하며 일요일 브런치는 모두가 즐길 수 있다.

01

02

03

04

247

05

06

07

08

09

11

10

12

09 회원제로 운영되던 레스토랑은 최근부터 일반인에게 공개되었다.
10 고풍스러운 분위기의 르 바 비블리오테크
11 고성을 연상시키는 그로테스크한 호텔 입구
12 햇살 좋은 날에 찾으면 좋은 호텔 정원에는 열기구 모형이 있어 환상적인 느낌을 자아낸다.

데, 파리지앵들로부터 낭만적인 주말 브런치 장소로 큰 사랑을 받고 있다.

정통 프렌치를 선보이는 레스토랑은 베르사유의 트리아농 팰리스, 미슐랭 3스타에 빛나는 르 모리스 등 파리 최고급 호텔과 레스토랑에서 경력을 쌓아온 셰프 시릴 로베르Cyrille Robert가 지휘하고 있다. 숙박과 레스토랑 식사 둘다 부담스럽다면, '르 바 비블리오테크Le Bar Bibliothèque'만큼은 꼭 가보라고 권하고 싶다. 12,000여 권의 장서를 갖추고 있는 거대한 책장을 배경으로 고급스런 가죽 소파에 앉아 칵테일 한잔을 기울이면 잠시나마 환상 속을 실제로 거니는 듯한 느낌이 들 것이다. 게다가 이 호텔에서 가장 저렴한 사치를 누릴 수 있는 방법이기도 하고 말이다.

예산: 더블 €369~
주소: 43 avenue Bugeaud 75116 Paris
교통편: M2 Porte Dauphine에서 도보 3분
연락처: 01 44 05 81 81
www.saint-james-paris.com

06

그 밖의 지역

Paris

lionel

바벨
Babel

영화 〈아멜리에〉에서 주인공이 물수제비를 뜨는 장면의 배경인 생 마르탱 운하Canal Saint Martin 주변은 개성적인 상점과 디자이너, 건축가 등의 작업실이 모여 있어 독특한 분위기를 풍긴다. 이 동네에 자리잡은 멀티숍 '바벨' 역시 남다른 취향과 비전을 제시해주는 곳이다. 'Babel'이란 이름은 'Bounding Artists Beyond Every Limit(모든 한계를 뛰어넘어 예술가들을 키워내는 인큐베이터)'라는 캐치프레이즈에서 따온 것이다. 그 말처럼 바벨은 젊고 신선한 작가들을 발굴하기 위한 노력을 꾸준히 하고 있다. 계절에 따라 아이템을 바꾸지만, 50여 명의 아티스트들의 작품이 늘 제자리를 지키고 있는 것을 보면 그들의 원칙을 한결같이 지켜나가고 있음을 짐작할 수 있다.

친구 사이인 변호사 출신의 컨설턴트와 패셔니스타가 함께 운영하고 있는 바벨에는 가방, 액세서리, 의류, 목걸이, 생활용품, 향수 등 일상적으로 쓰는 물건들이 많다. 참신한 아이디어가 돋보이는 것들이 많고, 가격도 높지 않다. 메르시나 콜레트는 사실 가격대가 무척 높은 편이라 마음에 들어도 선뜻 살 엄두가 안 나는 것들이 많지만, 바벨의 가격대는 합리적인 수준이어서 선물용품을 찾는 파리의 청소년들 사이에선 이미 입소문이 나 있을 정도다.

바벨을 통해 인기와 인지도를 얻은 브랜드는 이미 20여 개에 달하며, 대표적으로 Adi

253

Creations, Article 22, Oh My Socks, Aime, Quintessence 같은 브랜드를 꼽을 수 있다. 3~35유로면 살 수 있는 목걸이를 비롯한 액세서리는 자신 또는 지인을 위한 파리 여행 기념선물로도 좋다. 바벨에서만 볼 수 있는 매력적인 물건들은 '수브니르Souvenir', 즉 나 대신 여행의 순간을 기억하고 간직해줄 매개로 참 적당하다.

01 합리적인 가격대의 물건들로 가득한 매장 전경
02 03 디자이너들의 아이템은 주기적으로 교체된다.
04 다양한 조명이 디스플레이 되어 있는 매장의 한 공간
05 여기에서 판매되는 향초는 부담없이 살 수 있는 아이템 중 하나
06 사랑하는 사람을 위한 마땅한 것이 떠오르지 않을 때 가면 득템할 수 있다.
07 바디케어 용품이나 향수도 흔치 않은 브랜드가 많아 그만한 가치가 있는 장소.

01

02

03

06

255

04

07

05

주소: 55 quai de Valmy 75010 Paris

교통편: M3·5·8·9·11 République 도보 6분

연락처: 01 42 40 10 95

영업시간: 월~토 11:30~19:30

　　　　　일 12:00~19:00

www.babel-paris.fr

때론 작은 시도가 환경과 사람들을 드라마틱하게 변화시키는 '기적' 같은 일이 생기기도 한다. 복합문화공간 '104'도 그런 경우다. 아프리카와 아시아 이민자들이 거주하는 파리 19구, 파리 시에서 120여 년간 운영해온 장의 시설이 있던 그 자리에 들어선 104는, 부랑아들이 거리를 활보하던 거친 동네를 변화시키는 데 큰 역할을 했다.

어린이과학테마공원과 파리국립음악원이 들어서면서 조금씩 변화의 분위기가 감도는 가운데 등장한 104는 게토 지역에 살고 있는 청소년들을 전시, 춤 등 다양한 프로그램에 참여하도록 유도하면서 지역사회를 바꿔나가기 시작했다.

104는 창의적인 문화공간으로서 모든 다양성을 포용하며, 춤, 연극, 음악, 영화, 비디오아트, 음식, 멀티미디어 등 끊임없이 이런저런 프로젝트를 만들어내 사람들을 끌어들이고 있다. 그 중심에는 레지던스에 머물며 활약하는 예술가들과 파리 시민들의 적극적인 참여가 있다. 파리 시에 기획안을 내서 채택되면 레지던스에 짧게는 2개월에서 길게는 12개월까지 머무르며 프로젝트를 진행할 수 있다고 한다.

기존의 거대한 장의시설을 창의적인 문화공간으로 바꾸기 위해 파리 시는 건축가 그룹 빅토르 발타르Victor Baltard에 설계를 맡겼다. 이

들 건축가는 과거 만국박람회와 기차역으로 사용된 적도 있는 튼튼한 벽돌과 철골 구조의 건물이 갖고 있는 역사성을 잘 살리면서 현대와 미래적 감각을 적절히 혼합해 효율적인 공간을 만들어냈다.

공간이 워낙 크다 보니 104에는 테라스 카페와 인포메이션 센터, 전시장을 포함해 중고 물건을 거래하는 엠마우스Emmaüs, 디자인 책부터 어린이 책까지 다양한 서적을 갖춰놓은 서점, 간단하게 한 끼를 해결할 수 있는 피자 트럭, 힙합 등을 배울 수 있는 홀, 탁아소, 예술가를 위한 레지던스 등 수많은 교육 및 편의 시설이 들어서 있다. 프랑스에서 가장 존경받는 인물 중 한 사람인 피에르 아베 신부가 만든 자선기부단체 '엠마우스'에서 운영하는 부티크 '라파르트망L'Appartement'도 눈여겨볼 만하다. 언뜻 벼룩시장처럼 보이는 이 부티크는 테이블웨어 등 소소한 생활용품에 눈길이 가는 곳이다.

레스토랑 '레 그랑드 타블스 뒤 104Les Gran-des Tables du 104'에서는 최근 미슐랭 스타 셰프 파브리스 비아지올로Fabrice Biasiolo가 '매일의 평범함 속에서 찾는 특별함'이라는 콘셉트로 창의적인 메뉴를 선보이고 있다. 전시나 공연 관련 프로그램은 홈페이지에 연간 스케줄이 올라와 있으니, 방문하기 전에 확인하는 것이 필수다.

01 자선단체 엠마우스에서 운영하는 책방과 중고물품 가게
02 예술가들이 많이 찾는 곳답게 폭넓은 예술 관련 장서를 갖추고 있다.
03 테라스가 있는 카페에서 조용한 오후 시간을 보낼 수 있다.
04 겉에서 보기에는 일반 건물 같지만 안쪽으로 발걸음을 옮기면 신세계가 펼쳐진다.
05 춤, 공연, 전시를 한 곳에서 할 수 있는 복합 문화공간

01

02

04

05

03

주소: 5 rue Curial 75019 Paris

교통편: M7 Riquet에서 도보 5분

연락처: 01 53 35 50 00

개관시간: 화～금 12:00～19:00,

　　　　　토～일 11:00～19:00

www.104.fr

Cultural Complex
문화 공간으로
변신한 창고

레 독
Les Docks

오랫동안 버려져 있던 창고 건물을 시선을 뗄 수 없는 현대적 외관의 문화공간으로 재탄생시킨 곳이다. 원래는 센 강을 오가던 와인 운반선과 상선들이 부두 창고로 이용하던 건물이었다. 파리 시는 이 공간을 재활용하기 위해 설계안을 공모했고, 중견 건축가 도미니크 자콥Dominique Jakob과 브렌단 맥팔레인Brendan MacFarlane의 안이 채택되면서 '레 독'은 지금의 독특한 모습을 갖게 됐다. 우중충한 느낌의 옛 건물을 그대로 유지하면서 물결처럼 리드미컬한 형태의 연둣빛 관으로 건물 전체를 감싼 모습에서 생동하는 젊음이 느껴진다. 내부는 '7세부터 77세까지 이용할 수 있는 공간'으로 만들어 달라는 파리 시의 요구대로 다양한 용도의 공간으로 구성됐다.

1층의 바에서는 낮에는 차와 식사를 하고 저녁에는 클러빙을, 옥상에서는 일광욕을 즐길 수 있다. 다양한 전시도 열린다. 이곳에서 열렸던 '발렌시아가 회고전'과 '꼼 데 가르송' 특별전은 수많은 관람객들이 찾았다. 레 독을 '디자인과 패션 크리에이티브의 장'으로 만들겠다는 파리 시의 정책에 따라 패션비즈니스 스쿨과 아웃도어 가구로 유명한 '실베라Silvera'의 쇼룸 등도 들어서 있다. 1층에 있는 버거 레스토랑 '몹MOB'에선 베지테리언 버거와 오가닉 음료를 맛볼 수 있다. 아메리칸 스타일로 꾸며놓은 실내도 괜찮지만, 테라스에 앉아 센

261

강을 바라보며 먹는 것도 놓칠 수 없는 즐거움
이다.

레 독의 진면목을 보고 싶다면 밤에 가볼
것을 권한다. 낮과는 완전히 분위기가 달라지
기 때문이다. 실렌시오Silencio라는 바를 성공시
킨 팀이 다시 모여 만든 1층의 바 겸 클럽 '원
더러스트Wanderlust'의 음악은 언제 들어도 세련
되고 멋지다. 탁 트인 하늘을 보고 싶다면 옥
상의 '문 루프Moon Roof'로 올라가보자. 일광욕을
즐기던 사람들로 가득하던 옥상 공간이 달빛
아래서 센 강을 바라보며 칵테일과 와인을 즐
길 수 있는 클럽의 모습으로 변신한 채 맞아준
다. 2013년 파리에서 가장 인기 많은 클럽 바
롱Baron이 참여해 만들어낸 옥상의 클럽 '누바
Nuba'는 문을 열자마자 파리의 트렌드 세터들
사이에서 핫한 장소로 사랑받고 있다.

01

01 패션학교로 이름을 알리고 있는 교육기관이 건물
안에 있다.
02 옥상의 문 루프에 가면 인공 해변이 있어 일광욕
을 즐기기에 좋다.
03 꼼 데 갸르송의 전시가 열리고 있는 특별전시 공간
04 전 세계에서 발간된 패션 매거진을 한데 모아놓
은 패션학교 1층
05 2층으로 올라가는 계단
06 트렌드 세터들의 저녁 식사 장소로 각광받고 있
는 옥상 클럽 누바

 레 독에 새로 생긴 명소

2014년에 아르 루디크Art Ludique가 새롭게 문을 열었다.
'아르 루디크'는 2014년 여름, 마블 코믹스와 영화로 유
명한 미국 종합 엔터테인먼트 회사 '마블Marvel사'의 특별
전시나 일본의 지브리 스튜디오 데생전 등 모던 아트의
새로운 전시 공간으로 떠오르고 있다.
개관시간: 월·목 11:00~19:00, 수·금 11:00~22:00,
토·일 10:00~20:00, 화요일 휴관
www.artludique.com

02

03

05

06

04

주소: 34 quai d'Austerlitz 75013 Paris

교통편: M5·10 / RER C Gare d'Austerlitz에서

　　　 도보 5분

연락처: 01 76 77 25 30

개관시간: 10:00~00:00

www.citemodedesign.fr

옛 카바레 공간에서 만나는
다큐멘터리 사진

르 발
Le Bal

'무도회'라는 뜻을 지닌 '르 발'은 이름 그대로 과거에 카바레였던 건물에 들어서 있다. 허름한 호텔과 카바레였던 건물을 리뉴얼하기 위해 파리 시에서 공모를 했고, '매그넘과 친구들(앙리 카르티에 브레송을 비롯한 사진작가들이 모여 만든 협회)'의 제안으로 다큐멘터리 사진가들을 위한 공간으로 탈바꿈한 것이다.

르 발은 '매그넘과 친구들'이 주축이 되어 연중 내내 다큐멘터리 사진 전시를 하고, 그밖에도 교육, 출판, 사진작가들과의 만남 등 다양한 활동을 하고 있다. 매년 수천 명의 고등학생들이 르 발을 찾아 다큐멘터리 사진에 대한 교육을 받고 있다. 이는 이 공간이 처음 문을 열 당시 협회의 회장직을 맡고 있던 사진작가 레이몽 드파르동Raymond Depardon이 말한 르 발이 지향하는 바를 잘 보여주는 사례다.

"파리에서 시작될 이 새로운 공간은 이미지와 다큐멘터리를 위한 우리들의 새로운 꿈을 실현해줄 것이다. 과거 클리시 광장 뒷골목에서 카바레로 운영되던 이 공간은 이제 춤 대신 많은 사람들이 함께 즐기고 배울 수 있는 전시는 물론 현실에서 벌어지고 있는 여러 현상에 대해 질문을 던질 것이며, 변화하는 역사를 담는 공간으로 발전할 것이다."

최근 이곳의 전시장에서는 타이요 오노라토Taiyo Onorato, 니코 크레브스Nico Krebs 등의 작가들의 전시가 성황리에 막을 내렸다. 길거리 사진으로 유명한 미국 출신의 작가 마크 코헨 Mark Cohen 은 유럽에서 갖는 첫 전시를 이곳에서 열기도 했다.

1층에 있는 '르 발 카페'는 문을 열자마자 이 동네 예술가들의 아지트로 사랑받고 있다. 런던의 유명한 카페 '로즈 베이커리' 파리 지점에서 손발을 맞춰온 애나 트라틀 Anna Trattles과 앨리스 퀴예 Alice Quillet가 함께 운영하고 있다. 영국 스타일의 레빗&베이컨 파이와 스콘, 피넛 버터를 넣은 브라우니 같은 간식거리와 샐러드, 주말 브런치 등이 특히 반응이 좋다. 파리에서는 좀처럼 맛보기 힘든 유기농 맥주 '몹스비 Mobsby's'를 마실 수 있으며, 주스 역시 유기농을 고집한다. 가격대는 무난한 편으로 주말 브런치는 20유로, 점심은 12~24유로에 즐길 수 있다. 음식 맛보다는 분위기가 좀더 좋은 카페다.

01 미술관 1층에 있는 레스토랑&바
02 다큐멘터리 포토북을 전문으로 판매하는 서점
03 로즈 베이커리에서 일하던 스태프들이 르 발 카페의 음식을 책임진다.
04 05 다큐멘터리 특별전은 언제나 새로운 도전과도 같다.

01

02

04

05

03

주소: 6 impasse de la Défense 75018 Paris
교통편: M2·13 Place de Clichy에서 도보 3분
연락처: 01 44 70 75 56
영업시간: 수·금 12:00~20:00, 목 12:00~22:00,
　　　　 토 11:00~20:00, 일 11:00~19:00
www.le-bal.fr

생투앙 벼룩시장

Marché aux Puces de
Saint-Ouen

파리에선 벼룩시장이 일상이다. 주로 주말에 여러 군데에서 열리는데, 가장 대표적인 상설 시장을 꼽자면 동쪽의 몽트뢰유Montreuil, 남쪽의 방브Vanves 같은 곳이 있다. 봄과 가을에 소규모 동네 벼룩시장도 자주 열린다. 그중 역사나 규모 면에서 볼 때 생투앙 벼룩시장이 특히 가볼 만하다. 1885년에 처음 시작된 것으로 알려진 이곳은 이제 파리 시민들뿐만 아니라 매년 1,100만 명가량의 여행객들이 찾고 있다.

메트로 4호선 북쪽 종점인 포르트 드 클리냥쿠르 역에 내려 인파를 따라 걷다보면 천막이나 파라솔 아래에서 장사를 하는 사람들이 먼저 눈에 들어온다. 조금 더 가면 굴다리 아래에서 샤넬이며 라코스테 같은 프랑스 브랜드의 모조품들을 파는 이들이 나오는데, 여기서 실망하고 발길을 돌려선 안 된다. 그들을 지나쳐 계속 가면 '로지에르 거리Rue des Rosiers'가 나오는데, 대각선으로 난 거리 양옆에 있는 앤티크 마켓이 생투앙 벼룩시장의 핵심이다.

최근에는 로지에르 거리에 유명 인테리어 브랜드 '아비타트 1964Habitat 1964', 필립 스탁이 디자인한 '마 코코트Ma Cocotte' 등이 들어서면서 주말 트렌드 세터들의 약속 장소로 사랑받는 곳이 됐다. 아비타트 1964에서는 1960~80년대에 생산된 가구나 소품 중 가치 있는 것들을 선발해 전시하고, 명망 높은 앤티크 회사 '그룹 그로스브너Groupe Grosvenor'가 오픈한 '마르

셰 세르페트Marché Serpette'나 '폴 베르Paul Bert'에서
는 프랑스와 스칸디나비아 가구는 물론 인류
역사에 족적을 남긴 유명 디자이너들의 작품
을 모아놓고 있어 디자인 역사의 한 페이지를
들여다보는 느낌을 준다. 그 밖에도 앤티크 회
사 '스타인츠Steinitz'의 희귀한 가구와 오브제, 빈
티지 아이템을 볼 수 있으며, 셀렉트숍 '레클뢰
르L'Éclaireur'에서 운영하는 컨템포러리 스타일의
인테리어 숍도 볼 만하다. 의류와 액세서리, 디
자인 오브제, 향초 등은 대부분 한정 생산이
라 하나쯤 간직하고 싶은 마음이 들게 한다. 레
클뢰르에서 나와 오른쪽으로 몇 걸음만 옮기
면 '갤러리 감Galerie Gam'이 있다. 이곳에선 20세
기 가구 전문가인 '아이얀 고즈Ayann Goses'가 수
집한 장 프루베, 샤를로트 페리앙, 세르주 무
이 등 유명 디자이너들의 1950~70년대 가구와

01 레클뢰르 입구. 주말에 열리는 벼룩시장은 다양
한 아이템을 한곳에서 구경할 수 있다.
02 인더스트리얼 아이템을 전문으로 하는 레클뢰르
내부
03 유명 셀렉트숍 레클뢰르에서 운영하는 가구숍
04 무료하지 않도록 일상을 즐기는 상인들
05 예쁜 컵은 그 하나만으로도 부엌을 활기차게 꾸
며준다.

Tip 생 투 앙 벼 룩 시 장 의 주 요 숍

아비타트 1964(Habitat 1964)
주소: 77-81 rue des Rosiers 93400 Saint-Ouen
영업시간: 토·일 10:00~18:00
www.habitat.fr/vintage

마 코코트(Ma cocotte)
주소: 106 rue des Rosiers 93400 Saint-Ouen
연락처: 01 49 51 70 00
영업시간: 월~목 12:00~15:00 19:00~22:30,
　　　　　 금 12:00~15:00 19:00~23:00,
　　　　　 토 09:00~23:00, 일 09:00~22:00
www.macocotte-lespuces.com

01

02

03

04

05

"L'utile peut être beau et le beau accessible"

06

08

07

09

오브제를 만나볼 수 있다. 그 외의 앤티크 상점을 돌아보는 것은 필수가 아닌 선택이다. 가판대가 아닌 정식 매장을 운영하는 곳들은 대부분 고가의 가구나 소품을 취급하지만 간혹 20유로 이하의 그릇이나 생활용품 등을 파는 곳도 있다. 어느 정도 둘러본 다음엔 '타르트 클루제Tartes Kluger'에 들러 유기농 재료로 만든 건강한 음식과 차 한잔을 마시며 쉬어갈 것을 권한다.

벼룩시장을 즐기려면 느긋한 마음이 중요하다. 특히 생투앙 벼룩시장처럼 규모가 큰 곳은 제대로 보려면 최소한 반나절 이상 걸린다. 또 흥정을 할 때도 여유를 가져야 불쾌한 일을 당하지 않을 수 있다. 관광객 상대에 이골이 난 상인들이 터무니없는 가격을 부를 때가 종종 있기 때문이다. 대부분 적어놓은 가격의 3분의 2정도만 주고 사는 것이 무난하다.

주말 이틀 동안 열리며, 오전 10시부터 오후 6시 사이에 방문하는 것이 좋다. 치안이 좋지 않은 편이라 너무 이르거나 늦은 시간에 가는 것은 위험하다.

Tip 파리지앵들만 아는 비밀 팁

좀도둑이 많은 메트로 4호선과 초입의 가짜 벼룩시장을 피하고 싶다면 뤽상부르 공원에서 출발해서 샤틀레. 루브르−리볼리. 몽마르트르 언덕을 관통하는 시내버스 85번을 타는 것이 좋다. '폴 베르Paul Bert' 정류장에 내리면 '아비타트 1964'가 보인다. 그 지점에서부터 로지에르 거리 양쪽에 도열해 있는 가게들을 차례로 돌아보면 된다.

주소: 30 avenue Gabriel Péri 93400 Saint-Quen
교통편 : M4 Porte de Clignancourt에서 도보 15분
관광안내소 연락처: 01 44 70 75 50
영업시간: 월 10:00~17:00, 토 09:00~18:00,
　　　　　일 10:00~18:00
www.marcheauxpuces-saintouen.com

Paris hot place

274 **index**

275

276

279

파리 핫플 50

ⓒ 정기범

| **초판 1쇄 인쇄** 2014년 9월 29일
| **초판 1쇄 발행** 2014년 10월 7일

| **지은이** 정기범
| **펴낸이** 고미영

| **기획 책임편집** 고미영 주상아
| **편　집** 이승환
| **편집보조** 전소연
| **독자모니터링** 김성림
| **디자인** 김선미
| **마케팅** 방미연 정유선 오혜림
| **온라인 마케팅** 김희숙 김상만 한수진 이천희
| **제　작** 강신은 김동욱 임현식
| **제작처** 영신사

| **펴 낸 곳** (주)이봄
| **출판등록** 2014년 7월 6일 제406-2014-000064호

| **주　　소** 413-120 경기도 파주시 회동길 210
| **전자우편** springten@munhak.com
| **전화번호** 031-955-2688(마케팅) | 031-955-2698(편집)
| **팩스** 031-955-8855
| **트위터** @springtenten
| **페이스북** www.facebook.com/springtenten

ISBN 979-11-953138-1-5 13980